农药安全使用规范

◎任品会 袁建江 沙钧辉 主编

中国农业科学技术出版社

图书在版编目（CIP）数据

农药安全使用规范/任品会，袁建江，沈钧辉主编.—北京：中国农业科学技术出版社，2017.2

ISBN 978-7-5116-2973-9

Ⅰ.①农… Ⅱ.①任…②袁…③沈… Ⅲ.①农药施用–安全技术 Ⅳ.①S48

中国版本图书馆 CIP 数据核字（2017）第 025524 号

责任编辑	白姗姗
责任校对	贾海霞

出 版 者	中国农业科学技术出版社
	北京市中关村南大街 12 号　邮编：100081
电　　话	（010）82106638（编辑室）　（010）82109702（发行部）
	（010）82109709（读者服务部）
传　　真	（010）82106650
网　　址	http://www.castp.cn
经 销 者	各地新华书店
印 刷 者	北京富泰印刷有限责任公司
开　　本	850mm×1 168mm　1/32
印　　张	6.5
字　　数	168 千字
版　　次	2017 年 2 月第 1 版　2019 年 11 月第 4 次印刷
定　　价	36.80 元

前　言

　　农药作为重要的农业生产资料，关系到农业增效、农民增收，关系到农业生产安全，关系到农产品质量安全和国际市场竞争力，关系到人民身体健康和社会稳定，关系到生态环境和农业可持续发展。

　　本书全面、系统地介绍了农药安全使用方面的知识，包括农药基础知识、农药安全使用、农药安全防护、农药购买、运输和贮藏、农药施用器械使用和维护等内容。

　　本书围绕大力培育农民，以满足农民朋友生产中的需求。重点介绍了农药方面的成熟技术，以及农民必备的基础知识。书中语言通俗易懂，技术深入浅出，实用性强，适合广大农民、基层农技人员学习参考。

编　者

2017 年 1 月

目 录

第一章　农药基础知识

第一节　农药基本概念

一、农药的含义

按《中国农业百科全书·农药卷》的定义，农药主要是指用来防治危害农林牧业生产的有害生物（害虫、害螨、线虫、病原菌、杂草及鼠类）和调节植物生长的化学药品，但通常也把改善有效成分物理、化学性状的各种助剂包括在内。

事实上，农药不仅仅在农业上应用，许多农药同时也是卫生防疫、工业品防腐、防蛀和提高畜牧产量等方面不可缺少的药剂。因而，随着科学的发展和农药的广泛应用，农药的含义和所包括的内容也在不断地充实和发展。广义的农药还包括有目的地调节植物与昆虫生长发育、杀灭家畜体外寄生虫及人类公共环境中有害生物的药物。

从长远的观点和站在植物生理性病害防治的角度来考虑，化学肥料和一些能提高植物抗逆性的化学物质也可以纳入农药的范畴。概括地说，凡是可以用来保护和提高农业、林业、畜牧业生产以及用于环境卫生的药剂，都可以叫做农药。

二、农药的分类

农药的分类多种多样，依据不同，划分的类型也各不相同。

根据防治对象，农药可分为杀虫剂、杀菌剂、杀螨剂、杀线虫剂、杀鼠剂、除草剂、脱叶剂、植物生长调节剂等。

根据原料来源，农药可分为有机农药、无机农药、植物性农药、微生物农药。此外，还有昆虫激素。

根据加工剂型，农药可分为粉剂、可湿性粉剂、可溶性粉剂、乳剂、乳油、浓乳剂、乳膏、糊剂、胶体剂、熏烟剂、熏蒸剂、烟雾剂、油剂、颗粒剂、微粒剂等。

为了便于认识、研究和使用农药，可根据农药的用途进行分类，常用的有以下几类。

（一）杀虫剂

杀虫剂是对昆虫机体有直接毒杀作用，以及通过其他途径可控制其种群形成或可减轻、消除害虫危害程度的药剂。可用来防治农、林、牧业、卫生及仓储等害虫或有害节肢动物，是当前我国农药中使用品种和数量最多的一类。按其成分又可将杀虫剂分为以下 3 类。

1. 无机杀虫剂

无机杀虫剂，即有效成分为无机化合物的杀虫剂。常见的无机杀虫剂有无机氟杀虫剂和无机砷杀虫剂。因为无机杀虫剂的杀虫效果和对人、畜及作物的安全性不如有机合成的杀虫剂，所以用量日趋减少，并逐步被其他药物所取代。

2. 有机杀虫剂

有机杀虫剂，即有效成分为有机化合物的杀虫剂。按其来源又可分为天然的有机杀虫剂和人工合成的有机杀虫剂。天然的有机杀虫剂是指利用植物或矿物原料经过物理机械加工而制成的药剂。常见植物性的有机杀虫剂有除虫菊、鱼藤、巴豆等，常见矿物性的有机杀虫剂有石油乳剂等。人工合成的有机杀虫剂是指利用各种原料进行人工合成，而且其有效成分为有机化合物的药剂，这类药剂数量大、品种多、发展快，约占杀虫剂的 90%，是 20 世纪 40 年代才发展起来的药剂。根据其化学成分可分为以下几类。

（1）有机磷杀虫剂。有机磷杀虫剂又叫磷酸酯类杀虫剂，其有效成分的分子结构中均含有磷元素。如敌百虫、敌敌畏、乐果、氧化乐果、马拉硫磷、甲基对硫磷、锌硫磷、甲拌磷、灭蚜松等。

（2）有机氯杀虫剂。有机氯杀虫剂是指具有杀虫作用的含有氯元素的有机化合物。如毒杀芬、氯丹、林丹等。这类药剂大多数性质稳定，施用后不易被分解，能够通过环境与食品的残留而进入人体、畜体内积累，有害人、畜健康，因而将逐步被限制并禁止使用。

（3）除虫菊酯类杀虫剂。除虫菊酯类杀虫剂属于仿生制剂，即仿照除虫菊体内所含的杀虫有效成分——除虫菊素而人工合成的一类杀虫剂。由于该类药剂具有效果好、无残毒、用量少、作用迅速等特点，自问世以来，发展很快。但大多数品种，我国目前仍不能工业化生产，主要依靠进口。如来福灵、速灭杀丁、灭扫利、功夫、敌杀死等。

（4）复配剂。复配剂是指由两种或两种以上的有机杀虫剂经科学混配而成的一类杀虫剂，这是近几年来新发展起来的一类药剂。科学研究证明，有些药剂两两混合之后，不仅能提高效果、扩大杀虫范围，而且还能延缓害虫产生抗性、降低使用成本等。如灭杀毙就是典型的一种，它是由马拉硫磷和氰戊菊酯的混合物组成，既具有菊酸类农药用量少、效果好的优点，同时也克服了菊酯类农药对红蜘蛛、蚜虫等效果较差和易产生抗性的缺点，深受群众欢迎。随着时间的推移和农药科学的发展，这类药剂将会得到更广泛的应用。

（5）其他杀虫剂。如杀虫脒、氟乙酰胺、巴丹等。

3. 微生物杀虫剂

微生物杀虫剂是利用微生物或其代谢物来防治害虫的药剂。按照微生物的类别，可分为如下几类。

（1）细菌性杀虫剂。如苏云金杆菌、青虫菌、杀螟杆菌等。

（2）真菌杀虫剂。如白僵菌、绿僵菌、虫生藻菌等。

（3）病毒杀虫剂。如核型多角体病毒、质型多角体病毒等。

（4）线虫杀虫剂。如六索线虫等。

（二）杀螨剂

杀螨剂是用来防治危害植物或居室中的蜱螨类的农药，防治对象包括叶螨类、壁虱类等。

这类药剂按其作用范围可分为两类：一类是没有杀虫作用，专门用于防治害螨的药剂，如螨卵酯、三氯杀螨醇、克螨特等；另一类是既有防治作用又有杀虫作用的药剂，如杀虫脒、1605、呋喃丹、乐果、氧化乐果等。

（三）杀菌剂

杀菌剂对病原微生物能起到杀死、抑制或中和其有毒代谢物的作用，因而可使植物及其产品免受病菌危害或可消除病症、病状。有些杀菌剂虽然没有直接杀菌或抑菌作用，但是能诱导植物产生抗病性，从而有助于抑制病害的发展与危害。

杀菌剂按其成分可分为如下几类。

（1）无机杀菌剂。无机杀菌剂是具有杀菌作用的一类无机物质，硫酸铜、硫黄粉、氟硅酸钠等。

（2）有机杀菌剂。有机杀菌剂是具有杀菌作用的一类有机化合物。按其化学成分可分为有机硫杀菌剂、有机砷杀菌剂、有机磷杀菌剂、有机氯杀菌剂、有机汞杀菌剂、类杀菌剂、酚类杀菌剂、醛类杀菌剂等。

（3）抗菌素。抗菌素指一类由微生物代谢所产生的杀菌物质。重要的品种有放线酮、春雷霉素、灭瘟素、井霉素等。

（4）植物杀菌素。植物杀菌素是指存在于植物体内的具有杀菌作用的一类化学物质。如大蒜中存在的植物杀菌素——大蒜素，对多种病原菌都有较强的抑制作用。大蒜素的类似化合物乙基大蒜素对甘薯黑斑病、棉花苗病等多种病害都有良好的防治效果，其加工品抗菌剂401、402已广泛应用于生产实际。

（四）杀线虫剂

杀线虫剂是用于防治植物寄生性线虫的化学药剂。根据药剂的选择性与使用方法，可分为3种类型。

（1）土壤处理剂。土壤处理剂包括具有土壤熏蒸消毒作用的（如氯化苦、二溴氯丙烷等）和不具熏蒸作用以触杀作用为主的（涕灭威、呋喃丹等）。这类杀线虫剂还兼有杀灭土壤中病菌、土栖昆虫或杂草的作用。

（2）叶面喷洒处理剂（克线磷），可通过叶面内吸输导杀灭根部和叶面线虫，这类药剂具有选择性，对植物较安全。

（3）种子处理剂（杀螟丹、浸种灵），可用于种子处理。

（五）除草剂

除草剂是用来杀灭草坪或人工环境中非目标植物的一类农药。根据对植物作用的性质，分为灭生性除草剂和选择性除草剂。前者使用后可杀死大多数植物，可用于森林防火带杀死树木以及场地、道路、建筑物处灭杀杂草或灌木等，也可用于农田播种前除草。后者使用后能有选择地杀死某些种类的植物，而对另一些种类的植物无害，多用于农田除草。根据除草剂的作用方式可分为触杀型除草剂、内吸传导型除草剂、激素型除草剂。

（六）杀鼠剂

杀鼠剂是专门用来防除农田、牧场、粮仓、厂房、草坪和室内鼠类等啮齿动物的农药。杀鼠剂大都是胃毒剂，用以配制毒饵诱杀。常用杀鼠剂对人和家畜有剧毒。通常可分为无机类（如磷化锌）、抗凝血素类（如敌鼠钠、敌鼠酮、溴敌隆和大隆等）、植物类（如红海葱）和其他类（如毒鼠磷、甘氟、灭鼠优等）。

（七）植物生长调节剂

植物生长调节剂是一类专门用于调节和控制植物生长发育的农药。这类农药使用量很低，处理植物后可达到促进或抑制发芽，促进生根和枝叶生长，促进开花结果，提早成熟，形成无籽果实，防止徒长，调控株型，疏花疏果或防止落花、落果，增强抗旱、抗寒、抗早衰和抗倒伏能力等多种生理作用。如控制植物生长的矮壮素、促进草坪生长的草坪促茂剂、改造观赏植物株型的助壮素等。生长调节剂按其作用特点，又可分为生长素类、赤霉素类、细胞分裂素类、成熟素（乙烯）类和脱落酸类等。

（八）杀软体动物剂

杀软体动物剂是指能用于防治蜗牛、钉螺等软体动物的药剂，如蜗牛敌、贝螺杀、蜗螺净等。

第二节　农药施用方法

一、喷雾法

用喷雾机具将液态农药呈雾状分散体系喷洒的施药方法称为喷雾法。喷雾法是防治农、林、牧有害生物的最重要的施药方法之一，也可用于卫生和消毒等。农药有效成分在加工中为了方便使用，绝大部分均加工为可供加水喷雾使用的剂型，如乳油、水剂、可湿性粉剂、悬浮剂、微乳剂等。喷雾法符合操作者的习惯，适用范围宽，方便使用，在今后很长时间内，都将是农药使用技术中最重要的施药方法。

喷雾技术是在 19 世纪中期，在用笤帚、刷子泼洒药液的基础上发展起来的，喷雾法需要专用的喷雾机具。人们在农药使用过程中，根据喷雾场所和防治的需要，研究发展出了多种多样的喷雾方法，每种喷雾方法都有其特点和使用范围。农药喷雾技术的分类方法很多，根据喷雾机具、作业方式、施药液量、雾化程度、雾滴运动特性等参数，可以分为各种各样的喷雾方法，常用的分类方法如下。

（一）根据施药液量分类

喷雾过程中施药液量的多少大体是与雾化程度相一致的。采用粗雾喷洒，就需要大的施药液量；而采用细雾喷洒方法，就需要采用低容量或超低容量喷雾方法。单位面积（每公顷*）所需要的喷洒药液量称为施药液量或施液量，用"升/公顷"表

---

*　1 公顷＝15 亩，1 亩≈667 平方米。全书同

示。施药液量是根据田间作物上的农药有效成分沉积量以及不可避免的药液流失量的总和来表示的，是喷雾法的一项重要技术指标，主要包括在田间作物上的药液沉积量以及不可避免的药液流失量。在农药喷雾中，并不是说施药液量越大，药剂有效成分沉积到靶标（作物）上就越多，而实际情况有时恰恰相反。当叶片上药液开始流淌时，作物上的农药沉积量会显著降低。我国各地几十年来，普遍习惯用高容量喷雾方法，喷雾过程中以为喷出的药液越多越好，把本来设计进行中容量或低容量喷雾的小喷片，人为钻大喷片孔径，因粗雾滴极易滚落，而影响作业质量和作业效率。

1. 大容量喷雾法

每公顷施药液量在 600 升以上（大田作物）或 1 000 升以上（树木或灌木林）的喷雾方法称大容量喷雾法，也称常规喷雾法或传统喷雾法。大容量喷雾方法的雾滴粗大，所以也称粗喷雾法。大容量喷雾法是采取液力式雾化原理，使用液力式雾化部件（喷头）进行喷雾的，适应范围广，在喷洒杀虫剂、杀菌剂、除草剂等作业时均可采用，是我国应用最普遍的方法。但采用大容量喷雾法田间作业时，粗大的农药雾滴在作物靶标叶片上极易发生液滴聚并，引起药液流失，致使农药利用率水平较低。

2. 中容量喷雾法

每公顷施药液量在 200~600 升（大田作物）或 500~1 000 升（树木或灌木林）的喷雾方法。中容量喷雾法与大容量喷雾法之间的区分并不严格。中容量喷雾法是采取液力式雾化原理，使用液力式雾化部件（喷头）进行喷雾的，适应范围广，在喷洒杀虫剂、杀菌剂、除草剂等作业时均可采用。中容量喷雾法田间作业时，农药雾滴在作物靶标叶片上也会发生重复沉积，引起药液流失，但流失现象比大容量喷雾法轻。

3. 低容量喷雾法

每公顷施药液量在 50~200 升（大田作物）或 200~500 升

（树木或灌木林）的喷雾方法。低容量喷雾法雾滴细、施药液量小、工效高、药液流失少、农药有效利用率高。

对于机械施药而言，可以通过控制药液流量调节阀、机械行走速度和喷头组合等实施低容量喷雾作业；对于手动喷雾器，可以通过更换小孔径喷片等措施来实施低容量喷雾。另外，采用双流体雾化技术，也可以实施低容量喷雾作业。

4. 很低容量喷雾法

每公顷施药液量在5~50升（大田作物）或50~200升（树木或灌木林）的喷雾方法。很低容量喷雾法和低容量喷雾法之间并不存在绝对的界线。很低容量喷雾法工效高、药液流失少、农药有效利用率高，但容易发生雾滴飘移。其雾化原理可以是液力式雾化，通过更换喷洒部件实施；也可以是低速离心雾化原理；采用双流体雾化技术，也可以实施很低容量喷雾作业。

5. 超低容量喷雾法

每公顷施药液量在5升以下（大田作物）或50升（树木或灌木林）以下的喷雾方法，雾滴直径小于100微米，属细雾喷洒法。其雾化原理是采取离心雾化法或称转碟雾化法，雾滴直径决定于圆盘（或圆杯等）的转速和药液流量，转速越快雾滴越细。超低容量喷雾法的施药液量极少，必须采取飘移喷雾法。由于超低容量喷雾法雾滴细小，容易受气流的影响，因此施药地块的布局以及喷雾作业的行走路线、喷头高度和喷幅的重叠都必须严格设计。同时，由于超低容量喷雾法雾滴细小，在达到作物靶标前易蒸发飘失，应选用油剂农药。

实际上喷雾过程中的施药液量很难绝对划分清楚。低容量喷雾法、很低容量喷雾法、超低容量喷雾法这3种喷雾方法，雾滴较细或很细，所以也统称为细喷雾法。不同喷雾方法的分类及应采用的喷雾机具和喷头简单列于表1-1。

表 1-1 不同喷雾方法的分类及应采用的喷雾机具和喷头

喷雾方法	施药液量/（升/公顷）		选用机具	选用喷头
	大田作物	果园或林木		
大容量喷雾法（HV）	>600	>1 000	手动喷雾器，大田喷杆喷雾机	1.3 毫米以上空心圆锥雾喷片，大流量的扇形雾喷头
中容量喷雾法（MV）	200~600	500~1 000	手动喷雾器，大田喷杆喷雾机，果园风送喷雾机	0.7~1.0 毫米小喷片、中、小流量的扇形雾喷头
低容量喷雾法（LV）	50~200	200~500	手动喷雾器，背负式机动弥雾机	0.7 毫米小喷片，离心旋转喷头
很低容量喷雾法（VLV）	5~50	50~200	手动吹雾器，常温烟雾机，电动圆盘喷雾机	0.7 毫米小喷片，离心旋转喷头，双流体喷头
超低容量喷雾法（ULV）	<5	<50	电动圆盘喷雾机，背负式机动弥雾机	离心旋转喷头，超低容量喷头

（二）根据喷雾方式分类

在喷雾作业时，人们利用各种各样的技术手段，或者使雾滴直接沉积到靶标表面，或者利用雾滴的飘移作用增加喷幅，或者把流失的雾滴回收重新利用。

1. 飘移喷雾法

利用风力把雾滴分散、飘移、穿透、沉积在靶标上的喷雾方法称为飘移喷雾法。飘移喷雾法的雾滴按大小顺序沉降，距离喷头近处飘落的雾滴多而大，远处飘落的雾滴少而小。雾滴越小，飘移越远。据测定直径 10 微米的雾滴，飘移可达千米之远。而喷药时的工作幅宽不可能这么宽，每个工作幅宽内降落的雾滴是多个单程喷洒雾滴沉积累积的结果，所以飘移喷雾法又称飘移累积喷雾法。飘移喷雾法可以有比较宽的工作幅宽，比常规针对性喷雾法有较高的工作效率并减少能量消耗。在防治突发性、暴发性害虫中能够起到重要作用。其缺点是喷施的小雾滴容易被自然风吹离目标区域以外而飘失。

超低量喷雾机在田间作业时须采用飘移性喷雾法。以泰山-18型或东方红-18型超低量喷雾机为例，作业时机手手持喷管手把，向下风口方向伸出，弯管向下，使喷头保持水平状态（风小及静风或喷头离作物顶端高度低于0.5米时可有5°～15°仰角），并使喷头距作物顶端高出0.5米。在静风或风小时，为增加有效喷幅、加大流量，可适当提高喷头离作物顶端的高度。作业行走路线根据风向而定，行走方向应与风向垂直，喷向尽量与风向保持一致，夹角不得超过45°。在地头每个喷幅处应设立喷幅标志，从下风口的第一个喷幅开始喷雾。如果喷雾的走向与作物行不一致，则每边需要一个标志。假如喷雾走向与作物行一致，只要一个标志就可以了。当一个喷幅喷完后，立即关闭截止阀，并向上风口方向行走，到达第二个喷幅标志处或顺作物行对准对面标志处。喷头调转180°仍指向顺风方向，在打开截止阀的同时向前顺作物行或对准标志行走喷雾，按顺序把整块农田喷完，这样的喷雾方法就叫飘移累积性喷雾方法。

2. 定向喷雾法

同飘移喷雾法相对的喷雾方法，指喷出的雾流具有明确的方向性。取得定向喷雾可以采取如下措施。

（1）调整喷头的角度，使喷出的雾流针对农作物（靶标）而运动，手动或机动喷雾机利用这一方法进行定向喷雾。

（2）强制性的定向沉积，利用适当的遮挡材料把作物或杂草覆盖起来而在覆盖物下面喷雾，使雾滴直接沉积到下面的杂草或作物上。

3. 针对性喷雾法

针对性喷雾是定向喷雾的一种，即通过配置喷头和调整喷雾角度，使雾滴沉积分布到作物的特定部位。

4. 置换喷雾法

对株冠层大而浓密的果园喷雾，雾滴很难直接沉积到冠层内部的叶片上，利用风机产生的强大气流裹挟雾滴进入冠层内，置换株冠层内原有空气而沉积在株冠层内的喷雾方法。农药沉积分布均匀，农药有效利用率高，可以实现低容量喷雾，省工省时，但必须通过风送式果园喷雾机实现。

5. 静电喷雾法

通过高压静电发生装置使雾滴带电喷施的喷雾方法。静电喷雾法的工作原理可分为药液液丝充电、带电后雾滴碎裂和带电雾滴在靶标表面沉积 3 部分。带电雾滴与不带电雾滴在作物表面上的沉积有显著差异。由于静电作用，带电雾滴在一定距离内对生物靶标产生撞击沉积效应，并可在静电引力的作用下沉积到叶片背面，将农药有效利用率提高到 90% 以上，节省农药，并消除了雾滴飘移，减少对环境的污染。静电喷雾需要静电喷雾机和专用的油剂，其缺点是带电雾滴对高郁闭度作物株冠层的穿透力较差。

静电喷雾作业受天气的影响相对较小，早晚和白天均可进行喷雾，适用于有导电性的各种农药制剂。但是静电喷雾器需要有产生直流高压电的发生装置，因而机器的结构比较复杂，成本也就比较高。

6. 循环喷雾法

利用药液回收装置，将喷雾时没有沉积在靶标上的药液进行回收并循环利用的喷雾技术。可以提高农药利用率，减轻环境污染。其工作原理是在喷洒部件的对面加装单个或多个雾滴回收（或回吸）装置，回收的药液聚集在单个或多个集液槽内，经过滤后再输送返回药液箱。

循环喷雾在果园风送液力喷雾上发展比较成熟，已经有多种样机在生产上使用。循环喷雾方法需要的喷雾机具复杂，防治成本高。

7. 精准喷雾

利用现代信息识别技术确定有害生物靶标的位置，通过控制技术把农药准确地喷洒到有害生物靶标上的喷雾技术。精准喷雾技术可通过以下 2 种方法实现：一是全球定位系统（GPS）和地理信息系统（GIS）的应用，施药者能准确确定喷杆喷雾机在田间的位置，保证喷幅间衔接，避免重喷、漏喷；二是基于计算机图像识别系统采集和分析计算杂草特征，根据有害生物靶标的有无控制喷头的开关，做到定点喷雾。

（三）根据喷雾机具及所用动力分类

对于大多数农药使用者来讲，更习惯根据喷雾机具及所用的动力来把农药喷雾技术进行分类。根据喷雾机及所用的动力可以把喷雾技术分为手动喷雾法、背负机动风送喷雾法、大田喷杆喷雾法、手持电动圆盘喷雾法、飞机喷雾法和果园喷雾法等。

二、喷粉法

喷粉法就是利用机械所产生的风力把低浓度的农药粉剂吹散，使粉粒飘扬在空中，并沉积到作物和防治对象上的施药方法。喷粉方法是比较简单的一种农药使用技术，其主要特点是使用方便、工效高、粉粒在作物上沉积分布比较均匀、不需用水，在干旱、缺水地区更具有应用价值。喷粉法分为以下几类。

1. 根据施药手段分类

（1）手动喷粉法。是指用人力操作的简单器械进行喷粉的方法，如利用手摇喷粉器，以手柄摇转一组齿轮使最后输出的转速达到 1 600 转/分钟以上，并以此转速驱动一风扇叶轮，即可产生很高风速的气流，足以把粉剂吹散。由于手摇喷粉器一次装载药粉不多，因此只适宜于小块农田、果园以及温室大棚。手摇喷粉法的喷粉质量往往受手柄摇转速度的影响，达不到规定的转速时，风速不足，就会影响粉剂的分散和分布。

（2）机动喷粉法。用发动机驱动的风机产生强大的气流进行喷粉的方法。这种风机能产生所需的稳定风速和风量，喷粉的质量能得到保证；机引或车载时的机动喷粉设备，一次能够装载大量粉剂，适用于大面积农田中采用，特别适合于大型果园和森林。

（3）飞机喷粉法。利用飞机螺旋桨产生的强大气流把粉剂吹散，进行空中喷粉的方法。使用直升机时，主螺旋桨所产生的下行气流特别有助于把药粉吹入农田作物或森林、果园的株丛或树冠中，是一种高效的喷粉方法。对于大面积的水生植物如芦苇等，利用直升机喷粉也是一种有效的方法。

2. 根据使用特点和范围分类

（1）温室大棚粉尘施药法。粉尘法是喷粉法的一种特殊形式，就是在温室、大棚等封闭空间里喷撒具有一定细度和分散度的粉尘剂，使粉粒在空间扩散、飞翔、飘浮形成飘尘，并能在空间飘浮相当长的时间，因而能在作物株冠层很好地扩散、穿透，产生比较均匀的沉积分布。粉尘法施药喷撒的粉尘剂粉粒细度要求在 10 微米以下。粉尘法的优点是工效高、不用水、省工省时、农药有效利用率高、不增加棚室湿度、防治效果好。但不可在露地使用，也不宜在作物苗期使用。

①粉尘法的时间选择。在晴天，植株叶片温度在一天之中会随着日照的增加而增加，中午日照强烈时叶片的温度高于周围空气的温度，因而，植株叶片此时便成为"热体"（即环境温度低于靶标温度），这种热体不利于细小粉粒在植株叶片上的沉积。试验表明，晴天中午采用粉尘法施药技术对黄瓜霜霉病的防治效果不理想；在阴天和雨天，由于叶片温度与周围空气温度一致，不同喷粉时间对防治效果影响不大。

粉尘法施药最好在傍晚进行，这样，既可取得比较好的防治效果，又不影响清晨人员在棚室内的农事劳动。如果在阴雨天则可全天采用粉尘法施药。

②喷粉方法的选择。粉尘法施药主要是利用细小粉粒的飘

翔扩散能力使药剂在保护地内的植株上产生多向均匀沉积，因而，粉尘法施药技术要求采取对空均匀喷撒方法，以使药粉有充分的空间和时间进行"飘翔"，避免直接对准作物进行喷粉。不同类型的温室大棚，根据其结构特点，应选择不同的喷粉操作方法，可参考下面介绍的方法。

日光温室、加温温室：宽度一般在 6~7 米，中间有一过道，操作者应背向北墙，从里端开始向南对空喷撒，一边喷一边向门口移动，一直退到门口，把门关上。

塑料大棚宽度一般为 10~15 米，中间有一过道，操作时操作者从棚室里端开始喷粉，喷粉管左右匀速摆动对空喷粉，同时沿过道以 10~12 米/分钟的速度向后退行，一直退至出口处，把门关上即可。此时，如预定的粉剂尚未喷完，可将大棚一侧的棚布揭开一条缝，从开口处将余粉喷入。如余粉过多，可分别从不同部位喷入。

对小型拱棚可采用棚外喷粉法，此类棚宽 2~5 米，棚高只有 1 米左右，棚内喷粉比较困难。操作者可在棚外每隔一定距离揭开一个小口向棚内喷粉，喷后将棚布拉上。

喷粉以后需经 2 小时以上才能揭棚，以免细小粉粒飘逸出来。如果傍晚喷粉可以等到第 2 天早晨再揭开棚膜。

（2）大田喷粉法。又分为大田薄膜喷粉管喷粉法和郁闭农田的下层喷粉法。

①大田薄膜喷粉管喷粉法是在背负机动喷雾喷粉机上安装长塑料薄膜喷管用来喷撒农药粉剂。这种喷粉方法效率高且撒布均匀，适合于作物生长后期封行后不便操作人员施药作业的作物，如棉花、油菜田的病虫害防治。长塑料薄膜喷管由长塑料薄膜管及绞车组成。喷管长 20~25 米，直径为 10 厘米，沿管长度方向每隔 20 厘米有一个直径 9.0 毫米的小孔，安装时将小孔朝向地面或稍向后倾斜，使药粉既能均匀地向下喷出，又能使药粉在离地面 1 米左右的空间飘悬一段时间，较好地穿透作物株冠层均匀沉积分布。长塑料薄膜喷管喷粉法作业时需两人

操作，等速前进。

②郁闭农田的下层喷粉法是在某些作物的生长后期，如棉花、油菜、大豆、甘蔗等，植株冠层茂密，此时株冠下层是一个特殊的小环境，在株冠层叶片的屏护下，株冠下的气流相当平稳，而且叶片对于粉粒的运动有很大的制约作用。粉粒的飘翔行为遇到叶片的阻挡，很容易反弹折回。因此，在株冠下层的粉粒运动不容易向株冠层外飘逸，而粉粒的水平运动不容易受阻。

棉田封垄后的田间气温逆增现象也是进行株冠下层喷粉法的重要条件。气温逆增现象一般在晴天的清晨和傍晚两个时段出现。清晨当阳光初照到株冠冠面上，在棉株丛内，地面的温度较低而株冠冠面温度因受阳光照射比较高，此时在株冠内便出现冠内气温逆增。此时进行下层喷粉所形成的粉浪会在株冠内保持相当稳定不会逸出株冠，并能维持较长的时间。傍晚则需在夕阳西斜前后1小时内进行，此时株冠内地温已开始降低，土壤释放出的热量使株冠上部的温度有所升高，从而也会出现气温逆增。采用大田下层喷粉法时一定要掌握利用这种气温逆增现象。

采用下层喷粉，宜采用"Y"形双向喷头，使喷出的粉粒向左右两个方向水平运动扩散。例如在棉花生长中后期，下层喷粉粉粒的水平扩散距离可达10米左右，因此，田间喷撒作业工效很高。但是，下层喷粉法不可在低矮作物上实施，否则，极易导致粉尘飘扬分布扩散到环境中。

这种株冠下层喷粉法最好选用立摇式胸挂喷粉器，这种立摇式胸挂喷粉器的设计就是为了避免田间喷粉作业时碰伤枝条，并且避免枝条缠绕操作者手臂。而采用侧摇式喷粉器，操作者手臂上下前后摇转，容易损伤作物叶片和枝条，并且难以操作。

（3）静电喷粉法。静电喷粉法是通过喷头的高压静电给农药粉粒带上与其极性相同的电荷，又通过地面给作物的叶片及叶片上的害虫带上相反的电荷，靠这两种异性电荷的吸引力，把农药粉粒紧紧地吸附在叶片及害虫上，其附着的药量比常规无静电的喷粉要多5~8倍。粉粒越细小，越容易附着在叶片和害虫上。由于粉粒都带有极性相同的电荷，就有了同性相斥的力量，使粉粒之间分布十分均匀，再细小的粉粒之间也不会发生絮结。

农药静电喷粉中的粉粒虽然带电，但带电量甚微，不会对人员造成伤害。但静电喷粉机具由于配有静电高压发生装置，在使用中必须注意以下安全问题。

①直接电击人身。静电喷粉机具的静电高压在1万伏以上，甚至超过10万伏，如果操作不当，则会危及人员生命安全。静电机械发生电击人身的事故，往往是操作人员违反操作规定，先接通电源开关后，误接触高压端，从而出现被电击现象。这种电击对有严重心脏病患者及孕妇是很危险的。因此，心脏病患者或孕妇应避免进行田间静电喷粉操作。

②静电喷撒器械间接引起的危险。静电喷粉机，本身的静电源能量较小，直接电击的危险性很小，但如果引起易燃易爆物品发生爆炸燃烧和有毒农药起火，则危险性极大。目前尚未见由静电喷粉引起这样事故的报道，但要特别注意防止这类事故的发生。静电喷粉机具的高压电极端在电源开通的情况下会发生电晕，在白天光照下难以观察到，如果两极相碰或靠得很近，在开通电源时会发生火花而引燃、引爆。所以应该严格禁止静电喷粉机具和易燃易爆物品一起存放；也禁止腐蚀性的物品和静电喷粉机具一起存放，避免腐蚀损害电源。

值得注意的是便携式农药静电喷粉机具机型小巧，在田间工作后容易和危险品一起堆放，在取机使用时，在易燃、易爆的条件下打开电源检查喷粉机的使用性能时极易引起爆炸，造成严重的生命财产损失，一定要采取措施防止此类事故的发生。

三、颗粒撒施法

在农药科学使用中，对于那些毒性高的农药品种，或者那些容易挥发的农药品种，不适宜采用喷雾方法，此时，采用颗粒撒施方法是最好的选择。另外，从农药的使用手段来说，撒施法是最简单、最方便、最省力的方法，无须药液配制，可以直接使用，并且可以徒手使用。

撒施法使用的农药是颗粒状农药制剂，由于颗粒状农药制剂粒度大，下落速度快，受风的影响很小，特别适合于在以下情况使用：一是土壤处理；二是水田施用多种除草剂，颗粒剂可以快速沉入水底以便迅速被田泥吸附或被杂草根系吸收；三是多种作物的心叶期施药，例如玉米、甘蔗、凤梨等。有些钻心虫如玉米螟等藏匿在喇叭状的心叶中危害，往心叶中施入适用的颗粒剂可以取得很好的效果，而且施药方法非常简便。其常规操作方法如下。

（一）徒手撒施

目前，国内还没有专用的商品化颗粒撒施机械可供选用，在颗粒剂的使用中多采用徒手撒施的方法，如同撒施尿素颗粒一样。对于接触毒性很小的药剂来说，徒手撒施还是很安全的，但仍须注意安全防护，最好戴薄的塑料或橡胶手套以防万一。而毒性较大的颗粒剂则不能采用手撒法，例如甲拌磷颗粒剂、克·甲颗粒剂、涕灭威颗粒剂等，均含有剧毒的甲拌磷和涕灭威。克百威颗粒剂，虽然经口毒性极大，但经皮毒性低（经皮 LD_{50} 为 10 200 毫克/千克体重），并且颗粒剂表面有包衣，因此，可以采用手撒法。但必须保持手掌干燥，无皮肤伤口。最好仍戴塑料薄膜防护手套或采用撒粒器撒施，因为一旦遇汗水或其他水分，克百威有可能溶出，通过皮肤污染间接入口而发生意外。但甲拌磷、涕灭威等药剂则经口和经皮的毒性都很大，不得采用手撒。

（二）自行设计撒布设备

在地面撒施颗粒剂时，可以就地取材，自行设计简单的撒布设备，进行颗粒撒施。

（1）塑料袋撒粒法。选取 1 只牢固的厚塑料袋，可根据撒施量决定塑料袋的大小，袋内外需保持干燥。把塑料袋的一个底角剪出 1 个缺口作为撒粒孔，孔径约 1 厘米。把所用的颗粒剂装入袋中（此时让撒粒孔朝上，或用一片胶膜临时封住撒粒孔）。每袋所装的颗粒剂量为处理农田所需之量，便于撒粒时掌握撒粒量。如果农田面积较大，最好把颗粒剂分为几份，每一份用于处理相应的一部分农田。

（2）塑料瓶撒粒法。选取适当大小的透明塑料瓶，保持内部干燥。在瓶盖上打出一孔，孔径根据所用的颗粒剂种类决定，微粒剂须用较小的孔径，以免颗粒流出太快，不便于控制颗粒排出速度。可预先试做，观察颗粒流速后决定孔径大小。使用时也按照处理面积所需的颗粒剂量，往瓶中装入定量的颗粒剂，加盖后即可撒施。

以上两种安全撒粒法，撒粒的速度和均匀性需要操作人员掌握。把处理地块划分为若干个小区，根据小区面积预先计算好每区的撒粒量；把颗粒剂分成相应的若干份，再分别进行撒施，即可保证撒粒的相对均匀性。

（三）手动颗粒撒布器

手动颗粒撒布器有手持式和胸挂式两种。使用手持式颗粒撒布器，施药人员边行走边用手指按压开关，打开颗粒剂排出口，颗粒靠自身重力自由落到地面。使用胸挂式颗粒撒布器，将撒布器挂在胸前，施药人员边行走边用手摇动转柄驱动药箱下部的转盘旋转，把颗粒向前方呈扇形抛撒出去，均匀散落地面。

（四）机动撒粒机

机动撒粒机有背负式和拖拉机牵引或悬挂式两种。有专用撒粒机，也有喷雾、喷粉、撒粒兼用型。撒粒机多采用离心式风扇把颗粒吹送出去。有一种背负式机动喷雾、喷粉、撒粒兼用机，单人背负进行作业，只要更换撒粒用零部件即可，作业效率高。

（五）水田大粒剂撒施

大型颗粒剂（即大粒剂）较重，与绿豆的大小近似，可以抛掷到很远的农田中。这是大粒剂的主要特点，也是它的特殊用途。我国农药科技人员根据杀虫双和杀虫单的水溶性以及稻田土壤对杀虫双和杀虫单的不吸附性这两个特征，把这两种杀虫剂制成了 3% 和 5% 两种大粒剂，在防治水稻螟虫上取得了良好的效果。大粒剂撒施法消除了喷雾法的雾滴飘移对蚕桑的危害，使杀虫双得以在稻区推广应用。大粒剂的使用主要是采取抛施的方法，这样可以减少操作人员在稻田中的作业时间，减轻了劳动强度，对稻田的破坏性也比较小。大粒剂属于崩解剂型粒剂，在田水中很快崩解而溶入田水中，很快被水稻根系吸收。

5% 杀虫双大粒剂每千克约有 2 000 粒，每亩稻田的撒粒量为 1 千克左右，平均每平方米水田着粒量为 2~4 粒。在 8 小时内有效成分便可扩展到全田，24 小时内可以达到全田均匀分布。抛掷距离最远可达 20 米左右，不过一般应控制在 5 米左右的撒幅中，比较便于掌握撒施均匀性。在各种规模的稻田中均可使用。在面积较小的稻田中操作人员无须下田，在田埂上抛施即可。在面积较大的稻田中，可以分为若干个作业行，行间距离可保持 10 米左右，所以工效很高。在漏水田不能使用，因为杀虫双或杀虫单在土壤颗粒上不能吸附，容易发生药剂渗漏。另外，撒粒时稻田必须保水 5 厘米左右，以利于药剂被水稻充分吸收。

有些用户有时把颗粒剂溶解在水中再进行喷雾，这种用法一部分是由于用户对颗粒剂的用途不了解，还有一部分用户误认为泡水喷雾的效果优于撒粒。这些认识都是不正确的。因为一方面有许多颗粒剂的有效成分是剧毒的，撒粒时比较安全，喷雾则很危险，如甲拌磷、克百威、涕灭威等，也是国家明文规定禁止喷雾用的；另一方面，颗粒剂这种剂型有其特殊的功能和效力，生产成本也比喷雾用的制剂高，所以把颗粒剂泡水喷雾是得不偿失。

（六）撒施法的应用

（1）防治地下害虫和苗期蚜虫。颗粒剂最早使用是从土壤消毒开始的。在颗粒撒施法的研究开发中，应用最广泛的还是土壤处理防治地下害虫和苗期蚜虫。颗粒杀虫剂在防治地下害虫方面是非常有前途的，5%毒死蜱颗粒剂全面撒施，其对多种蔬菜作物的地下害虫均有很好的防治效果。随着大量新型内吸农药的开发成功，采用颗粒沟施方法防治苗期病虫害的应用作物范围和应用面积逐步扩大，以后还会有大量发展。

在土壤线虫防治技术中，采用非熏蒸性杀线虫剂颗粒撒施是一种有效的方法。杀线虫颗粒剂的撒施方法包括：全面撒施、行施、点施。

①全面撒施。为防治土壤中的大部分线虫，可以把非熏蒸性杀线虫剂颗粒（如克百威）均匀全面地撒施于土壤表面；如果撒施颗粒后再和10~20厘米深的土混合，效果会更好。

②行施。如果作物是以每隔60厘米或更大间隔成行种植的话，可以成行处理。在作物播种或移栽前，在播种行开25~30厘米宽的沟，把杀线虫剂颗粒撒施在沟内，覆土、播种。作物行间是不需要处理的。对很多蔬菜和大田作物可用这种行施方法，这样处理的农药用量可以节省1/2~3/4，并且减少劳动力投入。这种方法是一种最为经济有效的施用杀线虫剂的方法。颗粒剂沟施过程中，需要解决的是如何把药剂量准确均匀地施入田间。单纯依靠人员徒手操作，很难做到。

③点施。如果作物的株行距都很宽（如果树），用"点施"的方法可节省大量药剂，但这种点施的方法必须采用手动施药，比较费工、费时。

（2）防治谷类作物茎秆钻蛀害虫。如用3%杀虫双大粒剂撒施处理水稻田，可以有效地防治水稻二化螟。

四、泼浇法

泼浇法是以大量的水稀释农药，用洒水壶或瓢将药液泼浇到农作物上或果树植株两侧、树冠下面，利用药剂的触杀或内吸作用防治病虫草害的施药方法。泼浇法的特点是操作简便，不需特殊的施药机具，液滴大、飘移少。

泼浇法是一种比较落后的施药方法，一是用药量较大，二是用水量比常规喷雾法大 10 倍，一般亩用水 400~500 千克，因此，泼浇法在水资源缺乏地区难以采用。

泼浇法在稻田使用最多，如内吸性强的杀螟硫磷、毒死蜱等有机磷杀虫剂和杀虫双、杀虫单等采用泼浇法施药防治水稻二化螟和三化螟。在防治地下害虫和蚂蚁（如红火蚁）时，也常用泼浇法施药。北方防治花生根结线虫病时，常在旱地开沟，采用泼浇法把药液泼洒到沟内。

五、灌根法

灌根法是将药液浇灌到作物根区的施药方法，主要用来防治地下害虫和土传病害。例如用多菌灵防治棉花枯萎病，可以采用病株灌根法进行挑治，即先把多菌灵配成 250 倍药液，每株灌 100 毫升配好的药液。灌根法采用的药剂一是要对作物安全，防止产生药害；二是灌根防治土传病害的药剂必须具有较好的内吸性。

六、拌种法

拌种法就是将选定数量和规格的拌种药剂与种子按照一定比例进行混合，使被处理种子外面均匀覆盖一层药剂，形成药剂保护层的种子处理方法。通过药剂拌种可以达到以下目的：一是杀死种子携带的病原菌或控制病原菌等有害生物对种子贮存及运输的危害；二是杀死或控制播种后种子周围土壤环境中病原菌和地下害虫，防止其对种子萌发和幼苗生长的侵害；三是利用药剂的渗透性或内吸作用，进入幼苗各部分而防止苗期病害发生和地上害虫为害。

药剂拌种既可湿拌，也可干拌，但以干拌为主。药剂拌种一般需要特定的拌种设备。具体做法是将药剂和种子按比例加入滚筒拌种箱内，滚动拌种，待药剂在种子表面散布均匀即可。一般要求拌种箱的种子装入量为拌种箱最大容量的 2/3～3/4，以保证种子与药剂在拌种箱内具有足够的空间翻动和充分接触，达到较好的拌种效果。拌种箱的旋转速度一般以每分钟 30～40 转为宜，拌种时间 3～4 分钟，可正反方向各旋转 2 分钟。拌种完毕后一般要求停顿一定时间，待药粉在拌种箱沉降后再取出种子。

为了保证种子的安全，药剂拌种一般是在播种前一段时间对种子进行药剂处理，但对于某些对种子比较安全的药剂，可以采用预先拌种法。预先拌种法一般是在播种前较长一段时间，如几个月甚至一到两年，进行药剂拌种，可以增加药剂作用时间，降低药剂使用量。有时为了增加药剂在种子上的黏附效果，也可以先将种子用少量清水沾湿，再拌药粉，但是拌种完毕后需要晾晒，并尽快播种，以免发生药害。对于像棉籽一样的种子，由于种子外部带有一层绒毛，不能直接用药剂拌种，可以先行脱绒或浸泡后再与药剂混合拌种。

拌种使用的农药剂量因作物种类不同而异，表面光滑的种子表面药剂附着量小，表面粗糙的种子药剂附着量大。比如使用可湿性粉剂拌种，禾谷类种子（水稻种子例外）表面比较光滑，药粉附着量一般为种子重的 0.2%～0.5%，而棉花种子的药剂附着量可以达到 0.5%～1.0%。所以，实际使用中必须根据种子种类及药剂特性认真选择拌种药剂的用量。药剂梓种的用药量主要有两种计算方法：一种是按照农药拌种制剂占处理种子的质量百分比，如 50% 多菌灵可湿性粉剂拌种浓度为 0.2%，表示每 100 千克种子需要 50% 多菌灵可湿性粉剂 0.2 千克；另一种计算方法是按照拌种药剂的有效含量占处理种子的质量百分比含量计算，同样以 50% 多菌灵可湿性粉剂拌种为例，如拌种浓度为 0.2%，则表示每 100 千克种子需要 50% 多菌灵可湿性粉剂 0.4 千克。目前生产上多采用第一种计算方法。

拌种使用的农药剂型以粉剂、可湿性粉剂等粉体剂型为主。粉体剂型拌种的最大优点是种子贮存期间药剂很少能够直接进入到种子内部，这样可以提前对种子进行药剂处理而不至于出现药害。另外，粉体剂型拌种用药量少，处理后的种子不用干燥，操作简便省力。缺点是对潜伏于种子内部的病原菌效果差，一般要到种子吸水时才有进入种子内部的可能；再就是对药剂理化性状要求也较高，要求粉体制剂中填料等组分的密度与农药原药相差不能太大，粉体颗粒尽可能细且均匀，粉体流动性好不易结团等。

拌种使用的农药有效成分一般以内吸性药剂为好，当然也可以根据实际防治对象选择适宜的药剂。拌种用药剂选择的原则是在保证不至于出现药害的前提下达到最好的防治效果。药剂拌种防治病虫效果的好坏不仅与药剂选择及其性能指标有关，还与拌种质量的好坏有关。有些地方仍然采用比较原始的木掀翻搅的拌种方式，药剂黏附不均且容易脱落，还容易损伤种子，达不到理想的拌种效果。在有条件的地方应该尽可能利用专用拌种器拌种，如果确实没有专用拌种器，也可以使用圆柱形铁桶，将药剂和种子按照规定的比例加入桶内，封闭后滚动拌种。

拌好药的种子一般直接用来播种，不需再进行其他处理，更不能进行浸泡或催芽。如果拌种后并不马上播种，种子在贮存过程中就需要防止吸潮。

七、毒饵法

利用能引诱取食的有毒饵料（毒饵）诱杀有害生物的施药方法称为毒饵法。毒饵是在对有害动物具有诱食作用的物料中添加某种有毒药物，再加工成一定的形状。诱食性的物料包括有害动物所喜食的食料，具有增强诱食作用的挥发性辅料，如植物的香精油、植物油、糖、酒或其他物质。使用较普遍的是有害动物最喜爱的天然食料，如谷物或植物的种子、叶片、茎秆以及块茎等。根据有害动物的习性，有时须对食料进行加工处理，如粉碎、蒸煮、焦炒，或把几种食料配合使用，以增强其诱食性能。有些动物对毒饵的形状和色彩也有选择性，特别是鼠类和鸟类。毒饵的作用方式是被害动物取食后引起胃毒作用，因此毒饵的粒度以及硬度对于毒饵的毒杀效果有影响，这种影响决定于防治对象。毒饵法具有使用方便、效率高、用量少、施药集中、不扩散污染环境等优点，适用于诱杀具有迁移活动能力的、咀嚼取食的有害动物，包括脊椎动物如害鼠、害鸟和无脊椎动物如有害昆虫、蜗牛、蛞蝓、红火蚁等。毒饵法在卫生防疫上（尤其是在防治蟑螂、蚂蚁等害虫上）有广泛的使用。

根据毒饵的加工形状和使用方法可以把毒饵法分为固体毒饵法和液体毒饵法。

（一）固体毒饵法

加工成固态的毒饵法为固体毒饵法，固体毒饵可加工成粒状、片状、碎屑状、块状等形状，近年来在卫生害虫防治中新开发了凝胶状的胶饵形式，也归入固体毒饵，固体毒饵有堆施、条施和撒施3种施用方法。

（1）堆施法是把毒饵堆放在田间或有害动物出没的其他场所来诱杀的方法。对于有群集性以及喜欢隐蔽的害虫如蟋蟀等，堆施法的效果很好。可根据有害动物的习性和分散密度来决定毒饵的堆放点和数量。对于很分散或密度较大的害物，可采取棋盘式的毒饵堆放法。

（2）条施法是顺着作物行间在植株基部地面上施用毒饵的方法。条施法比较适合于防治为害作物幼苗的地下害虫，如地老虎、蝼蛄等。

（3）撒施法是将粒状毒饵撒施在一定的农田或草地范围内进行全面诱杀的方法，撒施法比较适合于防治害鼠和害鸟。

（二）液体毒饵法

加工为液态的毒饵可以采用盆施法、舐食法和喷雾法来施用。

（1）盆施法是将液态毒饵分装在敞口盆中，引诱飞翔性害虫飞来取食而中毒的方法，此种方法有时甚至可以不用毒剂，只要能诱使害虫坠入液体饵料中淹没致死即可。我国多年来所采用的糖醋诱杀法，即属于此类方法。

（2）舐食法是把液体毒饵涂布在纸条或其他材料上引诱害虫来舐食而中毒的方法，如灭蝇纸等。

（3）喷雾法是把饵料（如蛋白质的酸性水解产物）和杀虫剂混在一起喷洒，利用害虫对饵料的取食习性，诱集杀死害虫。这种诱集喷雾技术必须在大面积果园使用，或相邻果园同时使用。喷雾过程不必对整株果树全面喷雾，只需对果树局部叶片喷雾，即可取得很好的防治效果。

八、熏蒸法

用气态农药或在常温下容易汽化的农药处理农产品、密闭空间或者土壤等，杀灭病原菌、害虫或者萌动的杂草种子以及鼠害，这种农药使用方法统称为熏蒸法。熏蒸法只有采用熏蒸药剂才能实施。熏蒸药剂是指在所要求的温度和压力下能产生对有害生物致死的气体浓度的一种化学药剂。这种分子状态的气体，能穿透到被熏蒸的物质中去，熏蒸后通风散气，能扩散出去。总之，熏蒸剂是以其分子起作用的，不包含液态或固态的颗粒悬浮在空气中的烟、雾等气溶胶分散系。

熏蒸法要求有一个密闭的空间以把熏蒸药剂与外界隔开，防止药剂蒸气逸散。因此熏蒸法一般的使用场所是粮仓、货仓、暖房、农产品加工车间，以及运输粮食、货物、果蔬的车厢、货车等具备密闭条件的场所，集装箱的消毒处理也可采用熏蒸方法。对于土传病虫草害的防治，同样可以采用熏蒸法。

（一）土壤熏蒸

利用气态药剂在土壤团粒间隙穿透、扩散的能力来处理土壤的方法。熏蒸剂气体能充分扩散到土壤的各个部分，因此土壤熏蒸是杀灭土传病原菌、病原线虫和地下害虫及杂草的有效措施。但由于土壤耕作层的体积很大，而且土壤团粒对某些熏蒸剂有吸附作用，所以土壤熏蒸用药量很大、耗资较多。土壤熏蒸有3种施药方法：一是用土壤注射器，把熏蒸剂定量地注入一定深度的土中，须在土面上打出足够的注射孔以保证注入足够的剂量和分布的均匀性，也可在打孔后由玻璃漏斗灌药，再用泥土封口；二是开沟施药后覆土；三是覆膜施药法，由专用的拖拉机牵引覆膜熏蒸机，药液从机后排液管流入土层下面，随即由拖拉机自动覆土，并同时自动覆膜。此法高速高效，主要在大面积农田上采用此法。在较小面积的经济作物田和温室大棚中则多采取罐装熏蒸剂的人工覆膜熏蒸法。土壤熏蒸后经过一定时日必须揭膜彻底散气，再进行农事作业。

土壤熏蒸处理过程中，药剂需要克服土壤中固态团粒的阻碍作用才能与有害生物接触，因此，为保证药剂在耕层土壤内有比较均匀的分布，需要使用较大的药量，处理前需要翻整土壤，处理比较烦琐。为了保证熏蒸药剂在土壤中的渗透深度和扩散效果，在土壤覆膜熏蒸前，对于土壤的前处理要求比较严格，必须进行整地松土，深耕40厘米左右并清除土壤中的植物残体，在熏蒸前至少2周进行土壤灌溉，在熏蒸前1~2天检查土壤，土壤应呈潮湿但不黏结的状态。可以采用下列简便方法检测：抓一把土，用手攥能成块状，松手使土块自由落在土壤表面能破碎，即为合适。土壤保墒的目的是让病原菌和杂草种子处于萌动状态，以便熏蒸药剂更好地发挥效果。

土壤熏蒸常用的熏蒸药剂有溴甲烷、氯化苦、棉隆、威百亩等，下面以溴甲烷土壤熏蒸为例介绍土壤熏蒸的操作方法。

溴甲烷对土壤中的病原真菌、线虫、害虫、杂草等均能有效地杀死，并且能够加快土壤颗粒结合的氮素迅速分解为速效氮，促进植物生长，因而溴甲烷土壤覆膜熏蒸法成为世界上应用最广、效果最好的一种土壤熏蒸技术，在我国烟草、草莓、黄瓜、番茄、花卉、草坪以及人参、丹皮等中草药上也已广泛应用。溴甲烷土壤熏蒸方法有热法和冷法2种处理方法，用量可以根据土传病害发生程度以及土壤类型调整，用量范围一般在50~100克/平方米。我国市场有35千克大钢瓶溴甲烷和681克小包装溴甲烷出售。

（1）热法。热法熏蒸一般适用于温室大棚，特别是早春季节处理温室大棚土壤，必须采用热法操作。热法操作所需要的材料有大钢瓶装液化溴甲烷、蒸发器及加热装置、地秤或溴甲烷流量计、塑料软管、覆盖土壤的塑料膜等。

热法处理时先把通气用塑料软管置放在整理好的土壤表面，再覆盖塑料膜，并把塑料膜周边深埋入土中，埋入深度以20~30厘米为宜，以防止溴甲烷从四周逸出。把溴甲烷钢瓶出口同蒸发器的进口相连接，蒸发器的出口再通过塑料管同预先置放在土壤表面的通气用塑料软管相连接，连接处用土压埋。

（2）冷法。对于小罐包装溴甲烷（市场上常见为681克/包），在使用时无须加热，称为冷法熏蒸操作。这种小包装溴甲烷各配有一只专用的破罐器，使用比较方便，适用于苗床、小块温室大棚土壤熏蒸。

这种小包装溴甲烷在土壤熏蒸处理时不需要加热处理，也不需要塑料管，在使用时需预先在土壤表面放置一块木板或砖块，在木板或砖块上平稳放置好破罐器后，再把溴甲烷罐平稳地卡放在破罐器上。用塑料膜覆盖处理的地块，用手掌隔着塑料膜把溴甲烷罐压下，听到"哧"的一声，说明溴甲烷罐已被刺破，溴甲烷已经喷出。

溴甲烷熏蒸时土壤温度应保持在8℃以上。覆膜时四周必须埋入土内15~20厘米处，塑料膜不能有破损。熏蒸时间为48~72小时。熏蒸后揭膜通风散气7~10天，高温、轻壤土通风时间短，低温、重壤土通风散气时间长。遇到雨天，塑料膜不能全部揭开，可以在侧面揭开缝隙通风，以防雨水降落影响土壤散气通风。

土壤覆膜熏蒸消毒是一项操作程序比较复杂、风险比较大的农药使用方法，施用过程中若发生药剂毒气外逸，而人员仍滞留在密闭棚室内过长时间，容易发生人员中毒事故，操作时一定要注意，各地农民在采用此法时一定要向技术部门咨询。

（二）仓库熏蒸

在各种类型的仓库、集装箱、船舱、车厢等可密闭空间中进行的熏蒸作业方式称为仓库熏蒸。在这些场所存放的粮食等物品比较密集，病虫比较隐蔽，采用熏蒸法可杀死深藏于粮食、干果和其他货物中及缝隙等隐蔽处的病虫，熏蒸后散气即可除去残余有毒气体。仓库熏蒸要求被处理空间密封，不许有裂缝和漏洞，以免熏蒸处理过程中气态药剂分子逸散出去。在熏蒸之前，应有专人仔细检查，保证没有气体漏往邻近的办公室、厂房或生活区；或者在熏蒸期间让人员撤离熏蒸地区。根据仓内粮食和物品的堆放方式一般有 3 种作业方法：一是堆垛仓熏蒸，这种仓是以包装袋（箱）堆垛方式存放，空间和间隙大，熏蒸效果好；二是散装仓熏蒸，粮食散装仓粮食堆的密度很大，农药气体穿透能力受到很大影响，因此散装仓常采取插管熏蒸法，在粮堆中插入许多管子，熏蒸剂通过插管可以直接深入粮堆下层，并通过管壁上的小孔向四周扩散，机械化的插管熏蒸则在仓外预先把熏蒸剂汽化后通过管道压入粮食堆深处；三是空仓熏蒸，在堆装货物之前进行，以杀灭潜藏于仓库建筑物内的害虫或病原菌。

熏蒸结束后，现场必须保持通风状态，使有害气体逸散出去，需要专业人员检查后，确认安全的条件下，其他人员才能进入仓库。

（三）帐幕熏蒸

用气密性的材料如帆布、塑胶布或塑料布等把堆放的粮食等货物加以覆罩（气密性膜或帆布）并密封，形成不透气的帐幕，在帐幕内进行熏蒸作业，称为帐幕熏蒸。帐幕熏蒸技术扩大了熏蒸法的用途，在户外大批堆放的食品及货物，无须搬离存放地就可采用熏蒸法处理，消灭害虫和病原菌，非常方便；并且在熏蒸和通风之后仍然盖着货物，从而可以防止再生害虫，防止鸟粪、渗水、尘土和污物的污染。

帐幕熏蒸前，首先要检查帐幕密封，大批帐幕周围下垂部分的外边缘用粮袋或砂、土等压实紧贴在地面上；在土地上熏蒸时则可开浅沟，将下垂的帐幕埋于沟内覆土踩实；帐幕拼接时用专用的夹具夹住拼缝。在确保帐幕不漏气的条件下，把熏蒸药剂施于帐幕之中。气态熏蒸剂（如溴甲烷）可通过一预埋好的管子从帐幕底部进入帐内，从帐幕外向帐幕内定量施放气态熏蒸剂。液态熏蒸剂（如氯化苦）则需要预先在帐幕内布置好液态熏蒸剂的蒸发皿，在戴好防毒面具的情况下进入帐内，把液态熏蒸剂定量投入蒸发皿内后立即退出并封闭出入口。固态熏蒸剂（如磷化铝）须进入帐内放置药片，帐幕需预留出入口，在投药后封闭。

若用磷化铝进行帐幕熏蒸，每吨粮食投药 5~10 片，大粒粮用药量可以低些。根据帐幕内粮食包的堆放情况，事先把磷化铝用量计算好，并布置好投药路线。投药点应在粮食包的上部，因为磷化氢气体的密度较大，放在高位有利于磷化氢气体在帐幕内扩散均匀。作业时，从帐幕的最里边开始，须戴塑胶手套投药。投放完最后一个投放点的药片后，立即从出口处退出帐幕并立即严密封闭帐幕出入口。需要注意的是，磷化铝片不可堆放于一点，否则，在堆放点的磷化氢气体过于密集的情况下，有发生磷化氢气体自燃的危险。熏蒸处理的时间是，当气温为 12~15℃时，需要密闭处理 5 天左右；若气温达 20℃以上，只需 3 天。熏蒸结束后，在夜间无人活动时进行散气，从下风向处开始揭幕布。帐幕全部拆除后，散气时间需要 5~6 天。

帐幕熏蒸不受地点的限制，可以在车站、码头、仓库的库房内及其他场所进行。仓库中贮存物品不多时，采用帐幕熏蒸可节省用药量。此法也可用于检疫熏蒸、露天堆放的原木熏蒸及其他各种因地制宜的熏蒸作业。

九、涂抹法

用涂抹器将药液涂抹在植株某一部位局部的施药方法称为涂抹法。涂抹用的药剂为内吸剂或触杀剂，按涂抹部位划分为涂茎法、涂干法和涂花器法 3 种。为使药剂牢固地黏附在植株表面，通常需要加入黏着剂。涂抹法施药，农药有效利用率高，没有雾滴飘移，费用低，适用于果树和树木以及大田除草剂的使用。

（一）杂草防除中的涂抹技术

防治敏感作物的行间杂草，可以利用内吸传导强的除草剂和除草剂的位差选择原理，以高浓度的药液通过一种特制的涂抹装置，将除草剂药液涂抹在杂草植株上，通过杂草茎叶吸收和传导，使药剂进入杂草体内，甚至达到根部，达到除草的目的。因此，只要杂草的局部器官接触药剂，就能起到杀草作用。这种技术用水少、节省人工、对作物安全、应用范围广，农田、果园、橡胶园、苗圃等均可使用，开发了一些老除草剂的新用途。

涂抹法的施药器械简单，不需液泵和喷头等设备，只利用特制的绳索和海绵塑料携带药液即可。操作时不会飘移，且对施药人员十分安全。当前除草剂的涂抹器械已有多种，包括供小面积草坪、果园、橡胶园使用的手持式涂抹器，供池塘、湖泊、河渠、沟旁使用的机械吊挂式涂抹器，供牧场或大面积农田使用的拖拉机带动的悬挂式涂抹器。

应用涂抹法必须具备 3 个条件。

（1）所用的除草剂必须具有高效、内吸传导性，杂草局部着药即起作用。

（2）杂草与作物在空间上有一定的位置差，或杂草高出作物，或杂草低于作物。

（3）除草剂的浓度要大，使杂草能接触足够的药量。涂抹法施药的除草剂浓度因除草剂与涂抹工具不同而异，例如在棉花、大豆和果园施用草甘膦防除白茅等杂草，用绳索涂抹，药与水的比例是1∶2，用滚动器涂抹则为1∶（10~20）。

涂抹法使用的器具结构简单，不需要液泵和喷头等设备，只需利用吸水性强的材料如海绵泡沫等携带药液即可，使用者可以根据情况自己制作涂抹器。

涂抹法施药液量较低，每公顷低于110升（每亩7.5升），因此，操作要求快，否则涂抹不均匀。涂抹施药前，要经过简短培训，做到均匀涂抹。当气温高、湿度大的晴天涂抹施药时，有利于杂草对除草剂的吸收传导。

（二）棉花害虫防治中的涂茎技术

利用杀虫剂（如氧化乐果）的内吸作用，在药液中加入黏着剂、缓释剂（如聚乙烯醇、淀粉等），用毛笔或端部绑有棉絮海绵的竹筷蘸取配制好的药液，涂抹在棉花幼苗的茎部红绿交界处，对棉花蚜虫的防治效果在95%以上，并且能防治棉花红蜘蛛和一代棉铃虫。这种涂茎施药方法与喷雾法相比，农药用量可以降低1/2，另外对天敌的杀伤力也小。

需要注意的是，采用这种涂茎方法时，要防止把药液滴落在叶片和幼嫩的生长点上，以防灼伤叶片或烧死棉苗。

（三）树干涂抹技术

把一定浓度的药液涂抹在树干或刮去树皮的树干上，达到控制病虫害的目的，这种方法称为树干涂抹技术。树干涂抹一般使用具有内吸作用的药剂，使药剂被植株吸收而发生作用。一般多用这种方法施用杀虫剂来防治害虫，也可施用具有一定渗透力的杀菌剂来防治病害。这种施药技术，药液没有飘移，几乎全部黏附在植物上，药剂利用率高，不污染环境，对有益生物伤害小，使用方便。

涂抹法多用于防治害螨、蚜虫、蚧壳虫、粉虱等刺吸式口器的害虫和缺锌花叶病，对调控植株的营养成长和生殖成长等也有良好的效果。

树干涂抹法防治病害，多为涂抹刮治后的病疤，防止复发或蔓延。例如，酸橙树腐烂病刮治后涂抹腐必清、丁香菌酯（武灵士）等杀菌剂；果树的流胶病，在刮去流胶后，涂抹石硫合剂；果树的溃疡病、脚腐病等，刮削病斑后，涂抹石硫合剂等药剂，都有很好的防治效果。

但要注意涂抹药液的浓度不宜太大，刮去粗皮的深度以见白皮层为宜，过深会灼伤树皮引起腐烂而导致树势衰弱乃至死树。以春季和秋初涂抹效果为好。高温时应降低施用浓度，雨季涂抹容易引起树皮霉烂。休眠期树液停止流动，涂药无效。对果树，涂药时间至少要距采果 70 天以上，否则果实体内药剂残留量大。非全株性病虫，主干不用施药，只抹树梢。衰老园更不宜用涂抹法防治病虫。

将配制好的药液，用毛笔、排刷、棉球等将药液涂抹在幼树表皮或刮去粗皮的大树枝干上，或发病初期的二三年生枝上，然后用有色塑料薄膜包裹树干、主枝的涂药部位（避免阳光直射，防止影响药效）；或用脱脂棉、草纸蘸药液，贴敷在刮去粗皮的枝干上，再用塑料薄膜包扎。涂药的浓度、面积、用量，视树冠的体积大小和涂药的时间，以及施用的目的和防治对象而异。

十、滴加法

滴加法就是把药液滴加到灌溉水中的一种施药方法。例如在水稻田施用恶草灵防除杂草，可在灌水口处把药液滴加到水中，药剂随灌溉水分布到全田中。

滴加法只适合于少数农药在特定环境中的使用，用户一定要根据农药标签上说明和当地技术人员的指导来采用滴加法，千万不可把不适合的药剂采用滴加法，否则，不仅浪费农药，还会影响防治效果。

十一、瓶甩法（撒滴法）

瓶甩法（撒滴法）施药需要专用的农药剂型——撒滴剂，它是根据水稻、水生蔬菜等水生作物田中有水的特定条件而研究的施药方法，仅适用于水稻田和其他水田作物，不能用于旱田作物。

商品撒滴剂是装在特制的撒滴瓶中供撒滴用的药液。撒滴剂与撒滴瓶成为一个包装整体，既是撒滴剂又是撒滴瓶，撒滴剂包装瓶的内盖上有数个小孔（一般 3~4 个），施药时药液无须加水稀释，不需要使用喷雾器，操作人员打开撒滴瓶的外盖，手持药瓶左右甩瓶将药液抛撒入田即可。用 18%杀虫双撒滴剂防治水稻害虫，施药时手持药瓶，在田间或田埂缓步行走，左右甩动药瓶。处理 1 亩稻田只需 5~10 分钟，不需要强劳力作业。施药时间不受天气条件的影响和限制。为使药剂入水后能迅速扩散，用撒滴剂时田间应有 4~6 厘米水层，施药后保水 3~5 天。

除使用专门撒滴瓶外，用户也可自己制作撒滴瓶。例如可以用 1 个 500 毫升的矿泉水瓶制作撒滴瓶，取下瓶盖，用 1 个直径为 2~3 毫米的铁钉，从瓶盖内向瓶盖外锥出一锥形小孔，并使小孔呈小凸起状，凸起的小孔顶部形成直径 1 毫米的孔，瓶盖内侧小孔基部直径为 2~3 毫米。在每一瓶盖锥出 3~4 个孔，维孔中心线应同瓶盖中心线有一个小的夹角，以便每一孔流出的药液向外侧分开而不互相重叠。

把 18%杀虫双药液定量注入瓶中，加盖后拧紧，在行走过程中左右甩动撒滴瓶，药液即可从瓶盖上的小孔射出成为直径约 1 毫米的液柱。由于药液表面张力的作用，液柱很快就会自动断裂成为无数大小均匀的液滴，直径为 1.5~2 毫米，随着撒滴瓶的左右摆动分散沉落到田水中。

撒滴的抛送距离可由操作者掌握。撒滴瓶的摆动速度大则抛送距离远，反之则近。需根据田块大小及地形决定。操作时应走直线，匀速前进，不要任意走动，以免剧烈搅动田水。撒滴时田间应保持约 5 厘米水层。

第三节　农药用量计算及稀释

一、农药的用量

（一）农药用量的确定依据

农药用量是指单位面积农田防治某种有害生物所需的药量。农药用量是通过对药剂进行生物测定和药效试验而确定的，其根据有 3 方面。

1. 有害生物对药剂的敏感性

各种有害生物及其不同的生育阶段对药剂的敏感性有明显不同。因此，用药量也不一样。

害虫的不同发育龄期对药剂的敏感性往往差别很大，一般来说，幼龄虫敏感，龄期越大越不敏感。例如，松毛虫的 4~5 龄幼虫其耐药力比 3 龄幼虫高出 40~50 倍，黏虫幼虫也是如此。因此，有经验的农民常说防治害虫要"治早治小"。

老龄幼虫耐药力强的一个原因是表皮增厚。在蜕皮时新生表皮比较薄，所以，对于刚蜕皮后的幼虫药剂的毒力又会有所提高。

病菌也有类似现象。例如，黄瓜霜霉病菌其子囊孢子耐药力较强，而释放出来的游动孢子则对药剂非常敏感。一般病原菌当萌动产生芽管以后，对药剂的敏感性也明显提高。

所以，在选择药剂的用量时应先了解掌握田间病虫害情况，根据选定的用药量再结合当时所采用的喷药机具所需要的喷雾量，即可算出药液浓度。例如田间菜青虫种群组成达到 3 龄虫占 50%~60%，1~2 龄虫占 20%~30%，用 25% 西维因可湿性粉剂防治需要适当提高用药量为 3.75 千克/公顷，即有效成分为 0.937 5 千克/公顷。用工农-16 型手动喷雾器作常规喷雾需用水

750 升/公顷，即西维因的药液浓度为 0.125%。但如用手动吹雾器，每公顷喷雾量为 30 升，即药液浓度为 3.125%。因此，浓度取决于喷雾手段。

2. 有害生物的种群密度

有害生物在农田里的繁殖速度和数量与用药量有关，种群密度越大则需要的药量就越大。因为每一个有害生物个体必须能接触到致死剂量，才能中毒死亡。

例如，防治棉花伏蚜，当虫口密度不很高时，用药量能达到 95%的防治效果即可，假如每片叶上有蚜虫 50 头，则防治后残虫数只剩不到 3 头。但如果延误时机，伏蚜暴发，每片叶片上虫口数达到 1 000 头以上，则用同样药量防治后残余虫口仍在 50 头以上，由于伏蚜繁殖很快，这样就控制不住伏蚜了。只有提高药剂用量，把防治效果提高到 99%以上才可能控制得住。

当然，最根本的是不可延误时机。因为从毒理学上来分析，防治效果从 95%提高到 99%以上虽然只提高了 4 个百分点，但是药剂用量的增加却要高得多。因此，这是不符合技术经济策略的。另外一个办法是增加一次喷药，但这同样要大幅度提高用药量。

杂草的防治尤为明显。如果用的是触杀性除草剂，则杂草数量越大，用药量也必须增加。因为每一株草上都必须沾上一定量的除草剂才可能被杀死。在这种情况下，就必须考虑到每株杂草上沾有足够量的药剂才行。

3. 作物的生长情况

农作物是药剂对有害生物发生作用的主要场所。药剂在作物上的沉积密度（即单位面积沉积量）与有害生物接触和接受药剂的机会密切相关。作物的叶面积随着作物的生长而增加。叶面积指数一般可达 2~8，即作物叶面积总和等于土地面积的 2~8 倍。因此，为了保证单位面积内的有效沉积密度，随着作物生长量增大，用药量也应相应地增大。用药量的确定是为了保证防治病虫害时药剂能在作物上形成足够的药剂沉积密度。作物生长过程中，叶片由小到大，叶面积不断扩大。如果在叶片的幼叶阶段喷药，雾粒沉积密度很高。当叶片长大后，由于叶面积的扩大，雾粒之间的距离也随之增大，结果单位面积内的雾粒密度就降低了。因此，不同的作物喷药的间隔期长短各不相同，这还要看防治对象以及所选用的药剂的性质。

（二）农药的用量

一般农药手册或植保手册中所推荐的用药量是参考用量，实际应用中如果还没有当地的直接经验，则最好先进行预备性的应用试验，找出较为合理的用药量。有些农药的推荐用药量往往偏高。

用药量确定后，须配成一定的浓度来使用。通常所说的加水多少倍，就是使用浓度的一种表示方法。

但是，喷雾液浓度与用药量不是一回事。因为在喷雾液浓度相同的情况下，若单位面积上的喷雾量不同，则单位面积上的药剂沉积量也不相等。例如，喷洒敌百虫的 500 倍液，浓度应为 0.18%，即 0.001 8 千克/升，若喷雾量为每公顷 1 500 升，每公顷用药量为

1 500 升×0.001 8 千克/升＝2.7 千克

若喷雾量为每公顷 750 升，则每公顷用药量降低为 1.35 千克。因此，喷了相同浓度的药液并不等于喷了相同的药量。另外，由于田间喷雾量的大小常常因人而异，有很大的主观随意性。有人喜欢把植株喷得整株淌水，认为这样才算"喷透"（其实这种喷法是错误的），这样就要喷大量药液，而有人则喷得较少。怎样才算"喷透"？各人掌握的分寸也不尽相同，甚至受喷雾器性能和质量的影响也很大。因此，实际上喷雾量往往是不稳定的，有时偏高，有时偏低，从而防治效果也跟着发生波动。

正确的做法是，根据每公顷地所需用的有效成分药量，再根据喷洒机具是大容量喷雾还是低容量弥雾或吹雾，确定每公顷所需用的水量，再把所需用的药量配制成喷洒药液。因为药

量和水量均已确定，配成的药液浓度即可计算出来。

　　水是一种载体，是稀释剂，本身并无杀虫、杀菌作用。用水量大小取决于喷洒方法和喷洒用的机具。所以，农药的用量应该用每公顷农田中所需要的药剂有效成分量来表示，而不宜用加水稀释倍数来表示。喷雾量则应根据所用喷洒机具的种类和性能来决定，而不宜以是否"喷湿透"来决定。

　　国际上采用有效成分用量的用药量表示法，即每公顷农田使用多少克有效成分（g，ai/ha，即有效成分克/公顷）来表示。例如，乐果 300~700g，ai/ha；巴丹 600g，ai/ha 等。

（三）农药和配料取用量的计算

　　农药的用量要根据其剂型的有效成分含量来计算。在商品农药的标签和说明书中，一般均标明该药剂的有效成分含量。我国的农药商品均直接用百分数（%）标明含量，国际上采用统一的代码和数字表示。

　　使用农药前应仔细看商品标签或说明书，一方面可避免误用，另一方面可看清有效成分含量，避免错配。有许多农药虽使用同一名称，但有多种规格，如不注意就容易用错。近年来进口农药很多，更应注意。在进口农药中有效成分的浓度、含量常采用另外一种表示方法。例如，溴氰菊酯（Dtcts，即敌杀死）的 3 种剂型，即

Decis EC-25 g/L（乳油-25 克/升）

ULV Concentrate-10 g/L（超低容量油剂-10 克/升）

GR-0.5 g/kg（粒剂-0.5 克/千克）

　　分别用每升（L）制剂或每千克（kg）制剂中所含的有效成分量来表示。这种表示方法一目了然，不易出错。我国习惯用的百分浓度表示法则比较容易出错，用户在购买农药时必须注意。

　　农药的取用量可根据标签上标明的含量来计算，其计算公式为

　　农药制剂取用量（升）＝每公顷需用有效成分量（克）÷制

剂中的有效成分含量（克/升）

　　配制农药所用的配料（稀释剂）最常用的是水。当农药用量确定后，水的取用量同喷雾量有关。这里最容易出的差错是预期喷雾量和实际喷雾量不一致，从而导致田间实际用药量发生变化。例如，预期每公顷用药量为750克，喷雾量为75升水。配制成药液后，结果不够喷或者药液有多余而喷到别的地块上去了，就会导致用药量额外增加或一部分田块受药少而另一部分受药多。因此，水的用量要根据田间作物生长状况来认真确定。这种情况与使用人员的实践经验也有关。在没有经验的情况下，应先进行喷雾量试喷（用清水喷雾），根据确定的喷雾量调节喷雾时的行进速度，把行进速度控制在刚好能把所需药水量基本喷在农田中。

二、农药的使用浓度及稀释方法

（一）使用浓度的表示方法

　　农药使用前需配制成具有一定浓度的药液，便于在田间喷洒。这种使用浓度通常包括有效浓度和稀释浓度两种，前者是指农药的有效成分稀释液，用百分浓度和百万分浓度来表示，后者指农药制剂的稀释液，一般用倍数法表示。

　　1. 百分浓度

　　百分浓度是指，一百份药液中含有效成分的份数。它又分为质量百分浓度和容量百分浓度。固体之间或固体与液体之间的配药常用质量百分浓度，液体之间的配药常用容量百分浓度。

　　2. 百万分浓度

　　百万分浓度，简称毫克/千克，指百万份药液中所含的有效成分的份数。常用于浓度很低的农药。

　　3. 倍数法

　　药液（或药粉）中稀释剂（水或填充料等）的量与原药量的比数（也称倍数）。倍数法如不注明按容量稀释，则均按质量稀释。这两种稀释之间的差异随着稀释倍数的增大而减小。在实际应用中，倍数法又分为内比法和外比法两种。

（1）内比法适用于稀释倍数在 100 以下的情况，计算时要扣除原药剂所占的一份。例如稀释 80 倍时，即用原药剂 1 份加稀释剂 79 份。

（2）外比法适用于稀释倍数在 100 倍以上的情况，计算时不必扣除原药剂所占的一份，例如，稀释 500 倍即用原药剂一份加稀释剂 500 份。

（二）使用农药浓度之间的换算

1. 百分浓度与百万分浓度之间的换算

百万分浓度（毫克/千克）= 10 000×百分浓度

例如，杀虫双水剂稀释成 0.012 5%药液时，该药液应为 125 毫克/千克。

2. 倍数法与百分浓度之间的换算

百分浓度（%）= 原药剂浓度÷稀释倍数×100

例如，50%的杀草丹乳油稀释 500 倍后其百分浓度为

百分浓度（%）= 50%÷500 × 100 = 10%

（三）农药的稀释方法

农药正确的稀释方法是保证药效的一个重要方面，许多农民在配制农药药液时忽视了这一环节，不仅降低了药效，还造成人力、农药的巨大浪费。不同剂型的农药，其稀释方法是不同的。

1. 液体农药的稀释方法

根据药液稀释量的多少及药剂活性的大小而定。防治用液量少的可直接进行稀释，即在准备好的配药容器内盛放好所需用的清水，然后将定量药剂慢慢倒入水中，用小木棍轻轻搅拌均匀，便可供喷雾使用。如在大面积防治中需配制较多的药液量，需采用两步配制法，其具体做法是先用少量的水将农药稀

释成母液，再将配制好的母液按稀释比例倒入准备好的清水中，不断搅拌直至均匀。

2. 可湿性粉剂的稀释方法

通常也采取两步配制法，即先用少量水配成较浓稠的母液，进行充分搅拌，然后再倒入药水桶中进行最后稀释。这种方法可保证药剂在水中分散均匀。因为可湿性粉剂如果质量不好，粉粒往往团聚在一起成较大的团粒，如直接倒入药水桶中配制，则粗粒团尚未充分分散便立即沉入水底，这时再行搅拌就比较困难。两步配制法需要注意的问题是，所用的水量要等于所需用水的总水量，否则，将会影响预期配制的药液浓度。

3. 粉剂农药的稀释方法

一般粉剂农药在使用时不需稀释，但当作物植株高大、生长茂密时，为使有限的药粉均匀喷洒在作物表面，可加入一定量的填充剂进行稀释。

具体方法如下。

（1）取一部分填充料，将所需的粉剂混入搅拌均匀。

（2）再取一部分填充料加入搅拌，这样反复添加，不断搅匀，直至所需用的填充料全部加完。

粉剂在稀释时操作者必须做好安全防护措施，穿戴好长裤、口罩、橡胶手套等，同时，操作现场必须冲洗，以免污染环境。

4. 颗粒剂的稀释方法

颗粒剂其有效成分较低，大多在5%以下，因此，颗粒剂可借助于填充料稀释后再使用。可采用干燥均匀的小土粒或化学肥料作填充料，使用时只要将颗粒剂与填充料充分拌匀即可。但在选用化学肥料作为填充料时应注意农药和化肥的酸碱性，避免混后引起农药分解失效。

三、农药配制时的计量方法

在进行实际配制时，用什么方法量取农药和水，同样必须引起重视。在各地农民用户中普遍缺乏严格的计量手段，很多是根据经验和估计或利用一些并非计量器具的容器。

（一）固体制剂的计量

固体制剂虽然可采取小包装的办法，但由于一家一户的农田面积变化很大，往往小包装也不能恰好符合实际农田的需要，直接用秤称量最好。

（二）液体制剂的计量

液体制剂的量取，最方便的是采用容量器，主要有量筒、量杯、吸液管等。塑料的容量器具最安全方便，不易破损。我国曾经专为剧毒农药有机磷的量取生产过一种带有吸球的吸液管。

在量取用药量很少的有机磷和菊酯类农药时仍然很方便。但此种器具在使用中往往很容易发生污染而较难清洗。吸取农药后，吸液管外面已沾有很多药液，如不注意就会污染到人体或其他工具上。吸取药液后如果把吸液管平放，则药液会倒流入吸球内。因此，使用时不很方便。应该配备 1 支塑料粗管，有底，且长短与吸液管相似。吸移药液后即把吸液管插入塑料管中，避免污染。

量筒、量杯比较好用，但也应避免使药液流到筒或杯的外侧。量杯比量筒更好用，因为其上口很大，药液不易倒在外面。一只刻度准确的 50 毫升的量杯，在农药量取上较为方便。用量筒或量杯量取药液，注意筒或杯要处于垂直状态。因为倾斜时从刻度上看到的药液体积会发生偏差。

我国生产的一种新型手动吹雾器中的药水盖内侧上带有一只预制的量杯（把药水盖倒过来就是一只量杯），药液倒入药水桶中，随即旋上盖子，药液就不至于洒到外面，很适用也很安全。

（三）水的量取

配制用水的量取，很多用户习惯于用水桶来计量，把常用水桶 1 次装 15 升水作为计量依据。实际上这种水桶不是量器，不能用于计量。还有用粪勺直接量取的（如南方稻区），也有以喷雾器药箱作为计量标准的，所有这些办法都不能作为标准计量方法。如果在水桶内壁用油漆画出一条水位线，并用标准计量器具进行校准，就比较可靠。至于喷雾器药箱，有些在桶壁上打有水位线并标明容积者，则可勉强作为计量依据。用这种喷雾器时，如果在桶内直接配药，应先加入半桶水，然后投药，最后再补加水至水位线。因这样可使原药先同少量的水接触，较易混合均匀，而且后来继续加入的水还会对药液进一步发生搅动稀释作用。切勿先把水加满到水位线以后再投药。否则，由于制剂中的助剂很快稀释，不利于乳剂和可湿性粉剂的分散。

配制乳剂或水悬液的两步配制法效果较好。采取此法的计量程序要注意，两步配制时所用的水量应等于所需用水的总水量。不可先把总需水量取好以后，另外再取水配制母液。例如，配制 50% 多菌灵可湿性粉剂的喷雾悬浮液，要求配成 0.5% 浓度的喷雾液，则稀释倍数应为：50÷0.5＝100 倍，即 1 千克多菌灵可湿性粉剂需加水 100 升。如果分两步配制时，额外取 5 升水配制母液后再加入 100 升水中，则最后药液浓度为

1 000 克×50%÷（100 升+5 升）＝0.476%

当然，这种浓度的差异在防治效果上会造成多大的影响，在各种病虫杂草上表现是不一样的。但无论如何，在农药的配制过程中，首先必须严格要求计算准确，决不可认为问题不大而掉以轻心。

（四）农药混合使用时的用药量计算

为了同时防治几种病虫，往往需要把几种农药混合使用。混合使用时，各组农药的取用量须分别计算，而水的用量则合在一起计算。水的用量则按喷雾机具来决定。

四、农药混合调制方法

（一）液态制剂的混合调制方法

一般来说，只要掌握好药剂的性质，参照有关资料即可进行混合配制。但是，由于我国还有不少农药的剂型尚未标准化或产品质量不合格，在实际进行混配之前仍应仔细了解药剂的性质，甚至还须进行必要的试验。例如，我国生产的一种菊马合剂乳油不能与百菌清可湿性粉剂混配，否则就会出现絮结现象。这是两种剂型之间的变化，而两种有效成分并没有发生什么变化，但制剂絮结后会影响喷雾和防治效果。

另外，有一些比较特殊的情况，在混合调制时应注意操作程序。

1. 碱性药物与易在碱性条件下分解的药剂的混合

有一些是允许临时混合、随配随用的。例如，石硫合剂是最常用的一种碱性药剂，它与敌百虫可以随配随用。但在调制时要注意以下几点。

（1）两种农药必须分别先配制等量药液，这时应把浓度各提高 1 倍，这样当两液相混时，在混合液中的浓度刚好达到最初的要求。

（2）混合时应把碱性药液（石硫合剂）向敌百虫水溶液中倒，同时进行迅速搅拌。这样，混合液的氢离子浓度降低（即 pH 值增加）比较缓慢。

（3）敌百虫的结晶容易结块，比较难溶，往往需要用热水或加温来促使其溶解。这样得到的溶液是热溶液，必须使它充分冷却之后再与石硫合剂溶液混合，因为敌百虫的碱性分解在受热的情况下速度显著加快。碱性药剂较常用的还有波尔多液以及松脂合剂等。松脂合剂的碱性更强。

2. 浓悬浮剂的使用

几乎没有一种浓悬浮剂不存在沉淀现象，即在存放过程中上层逐渐变稀而下层变浓稠。国产的一些浓悬浮剂有些还发生下层结块的现象，一般的振摇或用棍棒搅拌都很难使之散开。因此，使用此种制剂配制药液时，必须采取两步配制法。

首先必须保证浓悬浮剂形成均匀扩散液。在搅散浓悬浮剂沉淀物时，如果整瓶药要一次用完，可以用水帮助冲洗。但如一次用不完整瓶药，则必须用棒或其他机械办法把沉淀物彻底搅开，并彻底搅匀后再取用。否则，先取出的药含量低而剩余的药含量增高，使用时就会发生差错。这一点在使用浓悬浮剂时必须十分注意。用水冲洗浓悬浮剂沉淀物时，必须把冲洗用水计算在总用水量中。

3. 可溶性粉剂的使用

可溶性粉剂都能溶于水，但是溶解的速度有快有慢。所以不能把可溶性粉剂一次投入大量水中，也不能直接投入已配制好的另一种农药的药液中，必须采取两步配制法。即先配制小水量的可溶性粉剂溶液，再稀释到所需浓度；或先配成可溶性粉剂的溶液，再与另一种农药的喷雾液相混合。在配制过程中也必须注意记录水的取用量。

前面已多次提到两步配制法。这种配制方法不仅对于一些特别的剂型比较有利，在田间喷药作业量大，需要反复多次配药时，此法还有利于准确取药和减少接触原药面发生中毒的危险。

（二）粉剂的混合调制方法

粉剂的混合，如果没有专门的器具，比液态制剂更难于混合均匀。用户如需进行较大量的粉剂混合，最好利用专用的混合机械，这种器械必须能加以密闭，使粉尘不易飞扬，比较安全，混合的效果也好。在露地上用锨拌和，很难做到混合均匀，而且粉尘飞扬，危险性很大。

进行小量粉剂的混合时，可以采取下述方法。

1. 塑料袋内混合

先用密封性能良好的比较厚实的塑料袋，把所需混合的粉剂分别称量好以后放到塑料袋内，把袋口扎紧封死。注意一定要在袋内留出约 1/3 的空间。把塑料袋放在平整的地面或桌面上，从不同方向加以揉动，使袋内粉体反复流动，最后把塑料袋捧在手中上下、左右抖动，使粉尘在袋内翻腾起来。如此处理，可以使粉剂得到充分混合。

2. 分层交叉混合

对于体积较大、不便在塑料袋内一次混合的粉剂，可采取本法。选择平整的地面，铺上足够大的塑料布（须在避风处进行操作）。把准备混合的两种粉剂称量好。用木锨或边缘钝滑的金属锨或塑料锨把粉剂铺到塑料布上，按如下步骤操作。

（1）两种粉剂分层铺到塑料布上。一层甲种粉剂一层乙种粉剂，层次越薄越好。

（2）用锨把药粉翻拌均匀，然后把粉堆划分为 4 块。

（3）把对角交叉的两块粉堆分别互相混合，混成一体后，再分为交叉的 4 块，如上法重复处理一遍。如此处理，次数越多则混合越均匀。

（4）最后形成的混合粉体，可分成若干份用塑料袋混合法加以振动混合，则可使粉粒充分分散、混合均匀。

采用分层交叉混合方法时，因为粉体是暴露在空气中的，不可能没有粉尘飞扬，所以必须佩戴风镜、口罩等防护用品。

第四节　农药药害的诊断

随着杀虫剂、杀菌剂、除草剂以及各种植物生长调节剂等农药在农业生产中的广泛应用，特别是近几年，随着种植业结构的不断调整，农村劳动力的大批转移，农业农机化、水利化、科技化水平的大幅度提高，土地经营逐渐向集约化、规模化方向发展，导致农药这一特殊的农业生产资料使用量逐年增加。

一是由于用药水平的低下，农民安全用药意识淡薄，使用技术不当；二是由于植物对药剂本身的敏感、遇到不良气候等影响，造成了当季作物和后茬作物每年都有不同程度的药害事故发生。农作物一旦发生药害，就会受到一定损失。我们通常所指的农作物药害就是指农药使用不当而引起的对农作物生长发育及其产品质量产生不良作用的现象。

据统计，我国农作物病虫草鼠害常年发生面积达 3.6 亿公顷次，农作物药害面积每年达 20 万公顷以上，直接经济损失 1 亿元以上，间接损失达 10 亿元之多。农作物药害不仅造成了比较重要的经济损失，也给社会带来了不稳定因素。近年来我国农作物药害日益严重，突出表现在以下 5 个方面。

一是引起药害的农药种类多。杀虫剂、杀菌剂、除草剂以及各种植物生长调节剂都会引起药害，其中以除草剂居多。

二是发生药害的范围广。近年来，全国各地都发生了不同程度的药害事故，华北、东北和长江中下游部分地区比较突出。

三是发生药害的农作物品种多。发生药害的农作物不仅有水稻、玉米、小麦、大豆等主要粮食作物，还有蔬菜、果树、棉花、油料等经济作物。

四是小型药害事故不断，大型药害事故呈现增长态势。

五是影响面广。大面积发生农作物药害事故不仅造成经济损失，还影响经济发展政策、生态环境安全、群众身心健康和身体健康等多个方面，并可能诱发和激化农村社会矛盾，造成不安定因素。

一、药害的类型

农药药害是指因施用农药对植物造成的伤害。农作物药害包括因使用农药不当而引起作物反映出各种病态，如作物体内生理变化异常、生长停滞、植株变态、死亡等一系列症状。产生药害的环节是使用农药作喷洒、拌种、浸种、土壤处理等；产生药害原因有药剂浓度过大，用量过多，使用不当或某些作物对药剂过敏；产生药害的表现有影响植物的生长，如发生落叶、落花、落果、叶色变黄、叶片凋萎、灼伤、畸形、徒长及植株死亡等，有时还会降低农产品的产量或品质。

（一）按药害发生的速度和时间划分

农药药害按发生的速度和时间划分，可以分为急性药害、慢性药害、残留药害、二次药害4种情况。

1. 急性药害

急性药害是指在喷药短期内农作物上出现肉眼可见症状，如叶部出现斑点、穿孔、烧伤、失绿、畸形、凋萎、落叶等；在果实上出现斑果、锈果、落果等；种子受到药害表现为发芽率降低，严重者导致不发芽，根系发育不正常等；植株受到药害表现为生长迟缓、矮化、茎秆扭曲，药害严重的可使整个植株枯死。如敌敌畏、敌百虫对高粱的一个品种可使叶片迅速变为红褐色或者枯焦，甚至整株枯死；百草枯漂移到植物叶片上产生枯焦斑。急性药害的发生程度与药剂的用量和使用浓度直接相关。当药害发生轻微时，多数情况是可以恢复的。

2. 慢性药害

慢性药害是指施药后经过较长时间才表现出药害症状，如光合作用减弱、畸形等。慢性药害常常由于作物的生理代谢受到影响，引起营养不良，抑制生长，植株矮小，降低或者延迟花芽的形成与结果率，最后使农作物产量和质量降低。如水稻孕穗期使用有机砷杀菌剂，常常造成不孕。慢性药害一旦发生，一般是很难挽救甚至无法挽救的。

3. 残留药害

残留药害主要指稳定性强的农药累积在土壤中，对敏感作物所产生的药害。农作物药害症状主要表现为斑点、黄化、畸形、枯萎、停滞生长、不孕、脱落、劣果等。

使用农药防治农作物病虫草鼠害时，对当季作物也许不发生药害，而残留在土壤中的药剂或其分解产物，会对下茬敏感性作物产生药害。残留药害主要是残效期长、分解缓慢的农药品种，由于长期、连续、大量使用或者用量过大，在土壤中积累到一定量，对敏感性作物生长产生不良影响。如麦田过量使用甲磺隆等磺酰脲类除草剂后，对下茬水稻，特别是豆类、瓜类等双子叶作物会产生药害。玉米田使用除草剂西玛津后，往往对下茬油菜、豆类作物等产生药害。这种药害多在下茬作物种子发芽阶段出现，轻者根尖、芽梢等部位变褐色或腐烂，影响正常生长；重者烂种、烂芽、烂根，降低出苗率或完全不出苗。

4. 二次药害

使用农药防治农作物病虫草鼠害时，对当茬作物并不产生药害，而残留在植株体内的药剂转化成对作物有毒的化合物。当秸秆还田时，使后茬作物发生药害，这种现象就叫做二次药害。如使用稻瘟醇防治水稻稻瘟病后，用稻草做堆肥，稻草在腐烂发酵的过程中，残留在稻草中的稻瘟醇被微生物分解成对作物有严重药害的三氯苯甲酸、四氯苯甲酸及五氯苯甲酸等。如果把这些含有容易产生药害的有毒化合物的堆肥用于水稻、豆类、瓜类、烟草及蔬菜等后茬作物，就会使幼苗畸形，造成二次药害。

（二）按药害发生的作物栽培时间划分

农药药害按发生的作物栽培时间划分，可以分为直接药害、间接药害2种情况。

1. 直接药害

使用农药防治农作物病虫草鼠害后，对当时、当季作物造成的药害，就叫做直接药害。

2. 间接药害

使用农药防治农作物病虫草鼠害时，因使用农药不当，对下茬、下季作物造成的药害，或者因前茬作物使用的农药残留引起的当茬作物药害，或者是当季作物使用农药防治本田作物因气候条件将药剂漂移到周边或周围作物上造成的药害，就叫做间接药害。

（三）按药害症状的性质划分

农药药害按药害症状的性质划分，可以分为隐患性药害、可见性药害2种情况。

1. 隐患性药害

隐患性隐患也称为隐性药害。药害并没有在形态上表现出来，难以直接观察到，但最终造成产量和品质下降。如丁草胺对水稻根系的药害，由于无法观察到，没有办法挽救，常使水稻每穗粒数、千粒重下降，从而影响产量和品质。

2. 可见性药害

可见性药害是指药害在作物外观表现症状，通常通过肉眼可以分辨在作物不同部位形态上的异常表现。这类药害可以根据症状不同分为如下2种。

（1）激素型药害。激素型药害主要表现为叶色反常、变绿或黄化、生长停滞、矮缩、茎叶扭曲、心叶变形，直至死亡。如二氯喹啉酸引起水稻药害，表现为心叶卷曲，出现典型的葱管状症状。

（2）触杀型药害。触杀型药害主要表现为组织出现黄、褐、白色坏死斑点，直至茎、鞘、叶片等组织枯死。如百草枯等除草剂漂移到作物叶片上，敌敌畏使用浓度过高时在水稻叶片上均产生白色枯死斑。

二、常见的药害症状

农药对农业的生产起了很重要的作用，同时也给作物带来或多或少的不利影响，如果这种不利的影响加重，引起作物出现不正常的反应，造成减产和品质下降，即是药害。药害有轻有重、有急有缓，就症状归纳起来有以下8种。

（一）斑点

斑点是作物表面局部的坏死，坏死是作物的部分器官、组织或细胞的死亡，主要表现在作物叶片上，也可以在叶缘、叶脉间或者叶脉及其近缘，有时也发生在茎秆或果实的表皮上。坏死部分的颜色差异很大，常见的有黄斑、褐斑、枯斑、网斑等。如丁草胺在水稻本田初期施用造成褐斑；代森锰锌浓度高会引起稻叶边缘枯斑；氟磺胺草醚应用于大豆时，在高温、强光下，叶片上会出现不规则的黄褐色斑块，造成局部坏死。有时斑点也表现在茎枝和果实上，如梨小果时施用代森锰锌易出现果面斑点。

（二）黄化

黄化的原因是农药阻碍了叶绿素的合成，或阻断叶绿素的光合作用，或破坏叶绿素，表现在植株茎叶部位，以叶片发生较多。黄化是叶片内叶绿体崩解、叶绿素分解。黄化症状可发生在叶缘、叶尖、叶脉间或叶脉及其近缘，也可以全叶黄化。黄化的程度因农药的种类和作物的种类而异，有完全白化苗、黄化苗，也有仅仅是部分黄化。如脲类、嘧啶类除草剂是典型的光合作用抑制剂，禾本科、十字花科、葫芦科和豆科作物的根部吸收后，药剂随蒸腾作用向茎叶转移，首先是植株下部叶片表现症状，豆科和葫芦科作物沿叶脉出现黄白化，十字花科作物在叶脉间出现黄白化。这类除草剂用做茎叶喷雾时，在叶脉间出现褪绿黄化症状，但出现症状的时间要比用做土壤处理的快。还有很多农药都会使作物出现黄化现象，如速灭杀丁在西瓜上施用引起新梢发黄；适用于麦田的苯磺隆漂移到其他作物上出现黄化等。

（三）畸形

植物的各个器官都可能发生这种药害，主要表现在作物茎叶和根部、果实等部位。常见的畸形有卷叶、丛生、根肿、畸形穗、畸形果等。如水稻受 2,4-D 药害，出现心叶扭曲、叶片僵硬，并有筒状叶和畸形穗产生。西红柿喷洒高浓度的萘乙酸会出现卷叶，2,4-D施用不当出现空心果、畸形果；瓜类受2,4-D药害出现扇形叶，纯度不高的三十烷醇易使西红柿嫩叶卷曲等。再如抑制蛋白质合成的除草剂应用于水稻，在过量使用的情况下会出现植株矮化、叶片变宽、色浓绿、叶身和叶鞘缩短、出叶顺序错位、抽出心叶常成蛇形扭曲。这类症状也是畸形的一种。植物生长调节剂使用浓度过高或者使用次数频繁，也会使作物茎叶或果实产生畸形。

（四）枯萎

它是整株作物表现症状，先黄化后死株，一般表现过程缓慢。这种药害一般都是全株表现，主要是除草剂药害，如西瓜苗受绿麦隆药害出现嫩叶黄化、叶缘枯焦、植株萎缩；豆类喷洒高浓度的杀虫剂出现枯焦、萎蔫、死苗等药害；水稻过量使用甲磺隆，或前茬作物麦田使用甲磺隆残留过高，都会使水稻产生枯萎症状。

（五）停滞生长

这种药害表现为植株生长缓慢，植株生长受到明显抑制，并伴随植株矮化，一般除草剂的药害抑制生长现象较普遍。这种症状通常是生长抑制剂、除草剂施用不当出现的药害，如水稻移栽后喷施丁草胺不当，除出现褐斑外，还表现生长缓慢；矮壮素用量过大也会引起作物生长停滞；油菜使用绿麦隆不当，表现生长迟缓、分枝减少、对产量有一定影响；多效唑用于连晚秧田，若不作移栽处理，采用拔秧留苗栽培，则使秧苗生长缓慢，影响正常抽穗。

（六）不孕

在作物生殖生长期用药不当，会引起不孕症状。引起这类药害的主要原因是花期用药不当，如在水稻孕穗、抽穗时施用稻脚青等有机胂类杀菌剂，会导致水稻不孕而造成空秕粒。

（七）脱落

作物的叶片、果实受药害后，在叶柄或果柄处形成离层而脱落。这类症状主要表现在果树和其他双子叶植物上，特别是在柑橘上最易见到，大田作物大豆、花生、棉花等也时有发生，有落花、落叶、落果等症状。如桃树施用水胺硫磷和花期施用氧化乐果造成落叶，或受铜制剂影响出现落叶；梨树施用甲胺磷引起落花；山楂施用乙烯利不当引起落果、落叶；波尔多液可引起苹果落花、落果；石硫合剂对苹果也可引起落果；苯磺隆漂移到大豆上，也会出现落叶等。

（八）劣果

这种症状主要表现在作物的果实上。果实出现药害有时表现为果实体积变小、果表异常、品质变劣，影响食用和商品价值。如西瓜受乙烯利药害，瓜瓤暗红色、有异味；番茄遭受铜制剂药害，果实表面细胞死亡，形成褐果现象；葡萄受增产灵药害，表现果穗松散，果实缩小。

三、药害与病害症状的区别

农作物病害与药害等不易区分，但是它们之间存在着根本的区别，那就是症状不同。

（一）斑点型药害与生理性病害的区别

斑点型药害在植株上分布往往无规律，全田亦表现有轻有重；而生理性病害通常发生普遍，植株出现症状的部位较一致。斑点型药害与真菌性药害也有所不同。前者斑点大小、形状变化大；后者具有发病中心，斑点形状较一致。

（二）黄化型药害与缺素黄化症的区别

药害引起的黄化往往由黄叶发展成枯叶，阳光充足的天气多，黄化产生快；缺乏营养元素出现的黄化，阴雨天多，黄化产生慢，且黄化常与土壤肥力和施肥水平有关，在全田黄苗表现一致。与病毒引起的黄化相比，缺素黄化症黄叶常有碎绿状表现，且病株表现系统性病状，病株与健株混生。

（三）畸形型药害与病毒病畸形症的区别

药害引起的畸形发生具有普遍性，在植株上表现局部症状；病毒病引起畸形往往零星发病，常在叶片混有碎绿、明脉，皱叶等症状。

（四）药害枯萎与侵染性病害枯萎症的区别

药害引起的枯萎无发病中心，且大多发生过程迟缓，先黄化、后死株，根茎输导组织无褐变；侵染性病害所引起的枯萎多是输导组织堵塞，在阳光充足、蒸发量大时先萎蔫，后失绿死株，根基导管常有褐变。

（五）药害缓长与生理性病害的发僵和缺素症的区别

药害引起的缓长往往伴有药斑或其他药害症状，而生理性中毒发僵表现为根系生长差，缺素症发僵则表现为叶色发黄或暗绿等。

（六）药害劣果与病害劣果的区别

药害劣果只有病状，没有病症，除劣果外，也表现出其他药害症状；病害劣果有病状，且多数有病症，而一些没有病症的病毒性病害，往往表现系统性症状，或者不表现其他症状。

第五节　农药抗药性

什么叫抗药性？一个癌症病人，疼痛难忍，常服用止痛片。开始服一片可止痛，服用时间长了，两片才能止痛，到后来4片才能止痛，这叫作抗药性。害虫对杀虫剂的抗药性也是如此，总是使用一种杀虫剂，慢慢要加大用量，才能达到与早先同样的除虫效果。

农药的抗药性是指被防治对象病、虫、草害对农药的抵抗能力。抗药性可分自然抗药性和获得抗药性两种。自然抗药性又称耐性，是由于生物种类的不同，或同一种的不同生育阶段、不同生理状态等对药剂产生不同耐受力。获得抗药性是由于在同一地区长期、连续使用一种农药，或使用作用机理相同的农药，使害虫、病菌或杂草对农药抵抗力的提高。农药作为预防措施对于防治病、虫、草害，保护植物生长，保护人民健康具有重要作用。但化学防治措施是一种应急措施，是在被防治对象达到一定数量，将对农作物造成相当危害损失时，在其他措施又一时难以奏效的情况下，利用农药快速、高效的特点，适时用药，控制危害。

为了防治病虫草害的需要，农药的使用是必要的，但要有节制地、科学地使用。不能一见病虫草害就用农药，农药次数用得过多，会大大增加被防治对象对农药的选择机会，加快产生抗药性。

许多科学家认为，害虫对农药的适应性还导致害虫对农药产生抗药性，继而影响农药使用的投入和作物收成的多寡。害虫有腿有翅膀能跳能飞，一个农民的活动可能影响近邻，一个地区的活动可以影响其他地区，从工厂区飞来的家蝇可以对许多农药有抗药性。

1990 年以前，科学家指出，1980 年有 428 种节肢动物对一种或一种以上杀虫剂或杀螨剂有抗药性，其中 60% 以上对农业活动至关重要。在农作物的植物病原体中，现知有 150 种对农药有抗药性。估计有 50 种杂草对除草剂有抗药性。20 000 种以上害虫和上述的 428 种节肢动物仅有 20 种具有经济价值。目前，开发的新农药朝向对付更广范围的目标害虫，此外遗传工程技术也在开发过程之中。

随着新的杀虫剂使用量不断增加和使用范围的不断扩大，越来越多的害虫对农药有抗药性的案例为世人所知。表 1-2 就展示出了这一趋势。

表1-2 历年来杀虫剂抗药性的案例

年份	杀虫剂抗药性的案例数目（种）
1938	7
1948	14
1956	69
1970	224
1976	364
1980	428
1984	447

以上数据说明在世界范围内害虫对杀虫剂产生抗药性的严重性。当新的农药，特别是杀虫剂，被发明、使用，害虫就会产生抗药性，对付同样规模的虫害就必须增大农药用量。例如头一次应用此种农药用1克/亩就够了，产生抗药性之后就要加大到2克/亩、4克/亩等，以消除抗药性带来的负面影响。与之相似，对于不同农药而言，加大到2倍用量才能达到原效果的所需时间不同，时间越短代表害虫产生抗药性越快。我们依使用新农药品种先后为序，必须加大到2倍用量才能达到同样除虫效果所需时间（表1-3），表中数据说明所需时间将随引进农药品种先后而缩短。害虫越来越容易产生抗药性，似乎它们的抗药能力已经训练有素了。

表1-3 使用新农药后需加大药量平均所需时间

杀虫剂种类	加大农药2倍用量平均所需时间（年）
滴滴涕/甲氧滴滴涕	6.3
林丹/狄氏剂	5.0
有机磷	4.0

（续表）

杀虫剂种类	加大农药2倍用量平均所需时间（年）
氨基甲酸酯	2.5
合成除虫菊酯	2.0

　　害虫对滴滴涕和拟除虫菊酯产生抗药性的生物机理可能类似。所以长期以来曾估计到对广泛使用滴滴涕所产生的抗药性，同样也能使后来合成的拟除虫菊酯失效。这是因为许多害虫现在用基因表达对各类农药所具有的抗药性。害虫对一类或几类农药的交叉和多重抗药性现象越来越多，降低了许多农药的使用效率。幸运的是，遗传因素（如隐性抗药基因）、生态因素（如对农药敏感的害虫很快离开施药地区跑掉）和操作因素（科学使用农药）能在某种程度上减轻害虫的抗药性。

第六节　生物防治

一、生物防治的概念和研究内容

　　现代病理学中生物防治（Biological Control）就是指利用生物及其代谢产物防治植物病原体、害虫和杂草的方法。其实质就是利用生物种间关系或种内关系，以一种或一类生物抑制另一种或另一类生物，降低杂草和害虫等有害生物的种群密度，进而达到有效防治的目的。

　　生物防治主要包括4方面内容：①以虫治虫，即利用捕食性和寄生性的昆虫如蚜狮、草蛉、寄生蜂和瓢虫等防治虫害；②利用以害虫为食料的脊椎动物来防治害虫，如鸟类、蛙类等；③利用微生物防治病虫害，即利用昆虫病原微生物和植物病原菌如细菌、真菌、病毒等及其代谢产物（毒素、抗生物质等）防治病虫害；④杂草的生物防治，即利用食草性昆虫和专性寄生于杂草的病原菌防治杂草。对于植物病原体、害虫和杂草来说，生物防治的内容虽有所不同，但都是利用生物种间关系，符合生物之间相互制约、相互依存的规则。只要掌握生物之间的这种微妙关系，并加以合理利用，就能控制病虫草害的危害，促进农林业生产发展。

二、生物防治的优点

由于长期使用化学农药，很多害虫都不同程度地产生了抗药性，害虫的天敌被大量杀灭，导致一些害虫十分猖獗。同时，化学农药不仅给水体、大气和土壤带来了严重的污染，更是通过食物链进入人体，危害人类健康。而生物防治以其无毒、无害、无污染、不易产生抗药性和高效等优点，在植物病虫害防治中越来越受到人们的重视。生物防治方法在粮食作物、蔬菜及园林植物中的应用，可以减少甚至消除化学药物对环境的污染，维护人体健康。

三、生物防治的经济效益

天敌引种的方法既符合可持续发展农业的要求，同时又可产生巨大的经济效益。从美国加利福尼亚州 1928—1973 年主要成功的生物防治计划实施效果估算来看：生物防治节省费用 2.75 亿美元（未估算其利息）；英国 7 个生物防治成功的项目总共花费 100 万英镑，收益增值共计 450 万英镑；而最具收益的项目则要数新西兰引进茧蜂（*Apanteles ruficrus*）控制黏虫（*Mythimna separata*）的生防工程。该项目花费共计 23 400 美元，仅 1974—1975 年就节省农药费用 50 万美元，不但不需要再从国外引进玉米，还可输出 6 万~8 万吨的玉米，赚取上千万的外汇；澳大利亚在 60 万公顷的土地上防治仙人掌获得 34 万美元的收益，其收益费用比为 120：1。这些数据说明了生物防治一旦取得成功，所产生的效益是化学防治所无法比拟的。一般来讲，在成功的生物防治项目工程中，1 美元的投入可获得 30 美元的回报。

第二章　农药安全使用

第一节　杀虫剂

一、有机磷杀虫剂

有机磷杀虫剂是一类最常用的农用杀虫剂，多数属高毒或中等毒类，少数为低毒类。有机磷杀虫剂在世界范围内广泛用于防治植物病、虫害，它对人和动物的主要毒性来自抑制乙酰胆碱酯酶引起的神经毒性。

（一）敌百虫

特点　为高效、低毒、低残留、广谱性杀虫剂，胃毒作用强，兼有触杀作用，对植物有一定的渗透性，但无传导作用，残效期短，对人、畜低毒。

制剂　30%乳油，80%可溶性粉剂，25%油剂，80%晶体等，常见的混配制剂有敌百·辛硫磷、敌百·毒死蜱、丙溴·敌百虫。

使用技术　适用于防治多种植物上的咀嚼式口器害虫，但对一些刺吸式口器害虫（如蚧类、蚜虫类）效果不佳。一般用80%晶体稀释800~1 000倍液喷雾，也可灌土、拌种、制备毒饵和烟剂等。

注意事项　不能与碱性药物配合或同时使用，家禽不能用敌百虫驱虫，口服中毒禁用小苏打洗胃。

（二）敌敌畏

特点　具有触杀、胃毒和熏蒸作用，对害虫击倒力强而快，具有很强的挥发性，温度越高，挥发性越大，因而杀虫效力很高，残效期12天，为广谱性杀虫、杀螨剂，对人、畜中毒。

制剂 48%、50%、80%乳油，2%、15%、30%烟剂，28%缓蚀剂，90%可溶液剂，22.5%油剂，混配制剂有溴氰·敌敌畏、敌敌畏·毒死蜱、敌畏·仲丁威等。

使用技术 对咀嚼式口器和刺吸式口器的害虫均有效，可用于蔬菜、果树和多种农作物。防治菜青虫、甘蓝夜蛾、菜叶蜂、菜蚜、菜螟、斜纹夜蛾，用80%乳油1 500~2 000倍液喷雾；防治二十八星瓢虫、烟青虫、粉虱、棉铃虫、小菜蛾、灯蛾、夜蛾，用80%乳油1 000倍液喷雾；防治红蜘蛛、蚜虫用50%乳油1 000~1 500倍液喷雾；防治小地老虎、黄守瓜、黄曲条跳虫甲，用80%乳油800~1 000倍液喷雾或灌根；防治温室白粉虱，用80%乳油1 000倍液喷雾，可防治成虫和若虫，每隔5~7天喷药1次，连喷2~3次，即可控制为害；防治豆野螟，于豇豆盛花期（2~3个花相对集中时），在早晨8时前花瓣张开时喷洒80%敌敌畏乳油1 000倍液，重点喷洒蕾、花、嫩荚及落地花，连喷2~3次。

注意事项 豆类和瓜类的幼苗易产生药害，使用浓度不能偏高；该药对人、畜毒性大，易被皮肤吸收而中毒。中午高温时不宜施药，以防中毒；蔬菜收获前7天停止用药；不能与碱性农药混用；该品水溶液分解快，应随配随用；禽、鱼、蜜蜂对该药敏感，应慎用。

（三）辛硫磷

其他名称 肟硫磷、倍腈松。

特点 为高效、低毒、低残留杀虫剂，具有触杀及胃毒作用，可用于防治鳞翅目幼虫及蚜虫、螨类、介壳虫等，茎叶喷洒时持效期短，有效期仅2~3天，但对地下害虫有效期长达30~60天。

制剂 3%、5%颗粒剂，35%微胶囊剂，40%乳油，混配制剂有除脲·辛硫磷、啶虫·辛硫磷、高氯·辛硫磷、丙溴·辛硫磷、毒·辛等。

使用技术 广泛用于果树、蔬菜、农作物等防治鳞翅目、双翅目、同翅目、鞘翅目等害虫。防治菜青虫、棉铃虫、稻纵卷叶螟、蚜虫等害虫。一般每亩用40%乳油1 000~2 000倍液，加水50升喷雾，防治小麦蚜虫、麦叶蜂、棉蚜、菜青虫、蓟马、黏虫、果树上的蚜虫、苹果小卷叶蛾、梨星毛虫、葡萄斑叶蝉、尺蠖、粉虱、烟青虫等；每亩用50毫升40%乳油稀释1 000倍液喷雾，可防治稻苞虫、稻纵卷叶螟、叶蝉、飞虱、稻蓟马、棉铃虫、红铃虫、地老虎、小灰蝉、松毛虫等；5%颗粒剂30千克/公顷防治蝼蛄、蛴螬、地老虎、金针虫等地下害虫。

注意事项　辛硫磷易光解失效，应在傍晚或阴天时喷药，避免阳光照射影响药效；高粱对辛硫磷敏感，不宜喷洒使用。玉米田只能用颗粒剂防治玉米螟，不要喷雾防治蚜虫、黏虫等；果实采收前15天停止使用，在园林植物幼苗上慎用。

（四）乐果

特点　为高效、低毒、低残留、广谱性杀虫剂，有较强的内吸传导作用，也具有一定的胃毒、触杀作用，对蚜虫、木虱、叶蝉、粉虱、蓟马、蚧类等刺吸式口器害虫和螨类有特效。

制剂　40%、50%乳油，1%~3%粉剂，20%可湿性粉剂。

使用技术　用于防治蔬菜、果树、茶、桑、棉、油料作物、粮食作物的多种具有刺吸式口器和咀嚼式口器的害虫和叶螨，一般用40%乐果乳油稀释1 000~2 000倍液喷雾。

注意事项　梅、李、杏对乐果敏感，浓度过高易产生药害，蔬菜在收获前不要使用乐果。

（五）氧化乐果

其他名称　氧乐果、华果。

特点　具有触杀、内吸及胃毒作用，对害虫和螨类有很强的触杀作用，尤其对一些已经对乐果产生抗药性的蚜虫，毒力较高，在低温期仍能保持较强的毒性。

制剂　40%乳油。

使用技术　主要用于防治香蕉多种蚜虫、卷叶虫、斜纹夜蛾、花蓟马和网蟥等害虫，低温期氧化乐果的杀虫作用表现比乐果快。一般用40%乳油1 000~2 000倍液喷雾，防治蚜虫、蓟马、叶跳甲、盲椿象、叶蝉等；用800~1 500倍液喷雾，防治棉红蜘蛛、豌豆潜叶蝇、梨木虱、柑橘红蚧、实蝇、烟青虫等棉花、果树、蔬菜上的多种害虫。

（六）马拉硫磷

其他名称　马拉松。

特点　具有良好的触杀、胃毒和微弱的熏蒸作用，马拉硫磷持效期短，对刺吸式口器和咀嚼式口器害虫都有效。

制剂　45%、70%乳油，25%油剂，1.2%、1.8%粉剂，混配制剂有高氯·马、氰戊·马拉松、马拉·异丙威、丁硫·马、马拉·矿物油等。

使用技术　适用于防治草坪、牧草、花卉、观赏植物、蔬菜、果树等作物上的咀嚼式口器和刺吸式口器害虫，还可用来防治蚊、蝇等家庭卫生害虫以及体外寄生虫和人的体虱、头虱。一般用45%乳油加水稀释2 000倍液喷雾可防治菜蚜、棉蚜、棉蓟马，稀释1 000倍左右防治菜青虫、棉红蜘蛛、棉椿象等。

（七）毒死蜱

其他名称　乐斯本、氯吡硫磷、白蚁清、氯吡磷。

特点　具触杀、胃毒及熏蒸作用，是一种广谱性杀虫杀螨剂，对鳞翅目幼虫、蚜虫、叶蝉及螨类效果好，也可用于防治地下害虫，对人、畜中毒。

制剂　40%、40.7%、48%、25%乳油，5%、10%、15%颗粒剂，混配制剂很多，如氯氰·毒死蜱、丙威·毒死蜱、啶虫·毒死蜱、多素·毒死蜱、毒·唑磷、毒·辛等。

使用技术　防治蔬菜、果树、小麦、水稻、棉田等多种害虫，一般用40.7%乳油稀释1 000~2 000倍液喷雾。

注意事项　毒死蜱对大棚瓜类、烟草及莴苣苗期敏感；不能与碱性农药混用，为保护蜜蜂，应避免在开花期使用；各种作物收获前应停止用药。

（八）速扑杀

其他名称　速蚧克、杀扑磷。

特点　具触杀、胃毒及熏蒸作用，并能渗入植物组织内，对人、畜高毒，是一种广谱性杀虫剂，尤其对介壳虫有特效。

制剂　40％乳油。

使用技术　幼蚧盛发期为施药适期，防治蜡蚧类喷施 700～1 500 倍液；防治盾蚧类喷施 1 500～2 000 倍液。

（九）乙酰甲胺磷

其他名称　高灭磷、益土磷、杀虫磷、杀虫灵、酰胺磷。

特点　属低毒广谱有机磷杀虫剂，具有内吸、胃毒和触杀作用，并可杀卵，有一定熏蒸作用，是缓效型杀虫剂，施药初期效果不明显，2～3 天后效果显著，后效作用强，可防治多种咀嚼式、刺吸式口器害虫和害螨。

制剂　20％、30％、40％乳油，25％可湿性粉剂，75％可溶性粉剂。

使用技术　防治果树害虫用 30％乳油加水 500～750 倍均匀喷雾；柑橘介壳虫在 1 龄若虫期防治效果最好，用 30％乳油 300～600 倍液均匀喷雾；防治玉米、小麦黏虫，可在 3 龄幼虫前，每亩用 30％乳油 120～240 毫升，加水 75～100 千克喷雾；防治烟青虫，在 3 龄幼虫期，每亩用 30％乳油 100～200 毫升，加水 50～100 千克喷雾。

注意事项　本产品在蔬菜的安全间隔期为 7 天，秋冬季节为 9 天，每季最多使用 2 次；水稻、棉花、果树、柑橘、烟草、玉米和小麦的安全间隔期为 14 天，每季最多使用 1 次。

（十）二嗪磷

其他名称　二嗪农、地亚农、大亚仙农。

特点　是含杂环的有机磷杀虫剂，广谱性杀虫、杀螨剂，有触杀作用、胃毒作用和熏蒸作用，也具有一定的内吸效能。

制剂　25%、50%、60%乳油，40%微乳剂，10%、5%、4%颗粒剂，混配制剂有阿维·二嗪磷、二嗪·辛硫磷。

使用技术　主要用于防治园艺植物、观赏植物和草坪上的食叶害虫、刺吸式口器害虫和地下害虫，也可防治家庭害虫和家畜害虫。对蔬菜蚜虫，亩用50%乳油50~60毫升；对圆葱潜叶虫和豆类种蝇亩用60~100毫升，加水喷雾。

注意事项　此药不能与敌稗混合使用，不能用铜罐、铜合金罐、塑料瓶盛装。

二、氨基甲酸酯类杀虫剂

该类杀虫剂的杀虫机理与有机磷相同，也是抑制乙酰胆碱酯酶，从而影响神经冲动传递，使昆虫中毒死亡。多数品种速效，残效期短，选择性强，对叶蝉、飞虱、蓟马、玉米螟防效好，对天敌安全，对高等植物低毒，在生物和环境中易降解，个别品种（克百威等）急性毒性极高，不同结构类型的品种、生物活性和防治对象差别很大，与有机磷混用，有的产生拮抗作用，有的具有增效作用。

（一）甲奈威

其他名称　西维因。

特点　具有触杀及胃毒作用，有轻微内吸性。

制剂　25%、85%可湿性粉剂，混配制剂有聚醛·甲萘威颗粒。

使用技术　可用于防治卷叶蛾、潜叶蛾、蓟马、叶蝉、蚜虫等害虫，还可用来防治对有机磷农药产生抗性的一些害虫。常用25%可溶性粉剂稀释500~700倍液喷雾。

注意事项　应注意甲萘威对蜜蜂有毒，故花期不宜使用。

（二）仲丁威

其他名称　巴沙、扑杀威。

特点　具有强烈的熏蒸作用，且具一定胃毒、熏蒸和杀卵作用，对叶蝉、飞虱等有特效，杀虫迅速，残效期短，对人、畜低毒。

制剂　20%、25%、50%、80%乳油，20%水乳剂。

使用技术　对棉蚜，亩用 25%乳油 100～150 毫升，加水 50～75 千克喷雾，药效期约 7 天。防治棉叶蝉，亩用 25%乳油 150～200 毫升加水喷雾。

注意事项　不能同敌稗混用或连用，使用前后最好间隔 10 天以上，否则易引起药害。

（三）克百威

其他名称　呋喃丹、大扶农。

特点　具有内吸、胃毒、触杀及熏蒸作用，是一种广谱性杀虫、杀螨及杀线虫剂，对鞘翅目、同翅目、半翅目、鳞翅目害虫及螨类等害虫有很好的防治效果。

制剂　2%、3%、5%颗粒剂，35%悬浮种衣剂。克百威是许多种衣剂的组成成分。

使用技术　用于水稻、棉花、烟草、大豆等作物，在蔬菜、果树等直接食用作物上禁用。使用方法为种子处理和土壤施用颗粒剂，颗粒剂一般施于根部，由根部吸收传导而起杀虫作用，用根际施药法的优点是残效期长（可长达 40 天），不怕雨水，对天敌无影响，并且可与肥料一起混合施用，目前已广泛用于防治盆花上的害虫及地栽树木的枝梢害虫。

注意事项　在稻田施用克百威，不能与敌稗、灭草灵混用，以免产生药害；蔬菜、果树、茶叶等直接食用的作物禁止使用。

（四）涕灭威

其他名称　铁灭克。

特点　具有内吸、触杀及胃毒作用，不仅具有杀虫作用，还可杀线虫和螨，持效期较长，对人、畜高毒。

制剂　5%、15%颗粒剂。

使用技术　棉蚜、棉盲椿象、棉叶蜂、棉红蜘蛛、棉铃象甲、粉虱、蓟马、线虫等的防治可用沟施法，亩用 15%颗粒剂

1 000~1 200 克或 15% 颗粒剂 334~400 克，掺细土 5~10 千克，拌匀后按垄开沟，将药沙土均匀施入沟内，播下种子后覆土；防治盆栽花卉害虫如蚜虫、叶蝉、叶螨、蓟马及地下害虫时，每盆花用 1~2 克或每亩用 1 千克进行根施或穴施，然后覆土浇水，15 天后即可见明显效果。

注意事项　涕灭威不能用于拌种，穴施的药量仅为条施的一半；只准许在棉花、花生上使用，并限于地下水位低的地方。

（五）抗蚜威

其他名称　辟蚜雾。

特点　具有触杀、熏蒸和内吸作用。杀虫迅速，施药后几分钟即可杀灭蚜虫，持效期短，对作物、天敌安全，对蜜蜂亦安全。

制剂　50% 可湿性粉剂，25%、50% 水分散粒剂。

使用技术　各种制剂加水喷雾可防治十字花科蔬菜、油菜、小麦、大豆、烟草上的蚜虫。防治蔬菜蚜虫亩用 50% 可湿性粉剂 10~18 克，加水 30~50 千克喷雾；防治烟草蚜虫亩用 50% 可湿性粉剂 10~18 克，加水 30~50 千克喷雾；防治粮食及油料作物上的蚜虫亩用 50% 可湿性粉剂 6~8 克，加水 50~100 千克喷雾。

注意事项　抗蚜威在 15℃ 以下使用效果不能充分发挥，使用时最好气温在 20℃ 以上。

（六）灭多威

其他名称　乙肟威、灭多虫、万灵。

特点　具有触杀、胃毒作用，具有一定的杀卵效果，可用于果树、蔬菜、棉花、苜蓿、烟草、草坪草、观赏植物等，叶面喷雾可防治蚜虫、蓟马、黏虫、烟草卷叶虫、苜蓿叶象甲、烟草天蛾、棉铃虫、水稻螟虫、飞虱以及果树上的多种害虫。

制剂　20% 乳油、24% 可溶性液剂、10% 可湿性粉剂、40% 可溶性粉剂。含灭多威的混配制剂有很多，如高氯·灭多威、辛硫·灭多威、吡虫·灭多威、阿维·灭多威等。

使用技术　棉花害虫的防治亩用20%乳油90~120毫升,加水100千克喷雾;蔬菜害虫的防治亩用20%乳油100~120毫升,加水100千克喷雾;花生、大豆害虫的防治亩用20%乳油100~300毫升,加水100~300千克喷雾;甜菜害虫的防治亩用20%乳油100~300毫升,加水100~300千克喷雾。

注意事项　灭多威挥发性强,有风天气不要喷药,以免漂移,引起中毒。

(七) 硫双威

其他名称　拉维因、双灭多威、硫双灭多威。

特点　以胃毒作用为主,兼具一定触杀作用,对主要的鳞翅目、鞘翅目和双翅目害虫有效,对鳞翅目的卵和成虫也有较高的活性,对皮肤无刺激作用,对眼睛有微刺激作用。

制剂　25%、75%可湿性粉剂,375克/升悬浮剂,80%水分散粒剂。

使用技术　于卵孵盛期进行棉铃虫、棉红铃虫的防治,用75%可湿性粉剂50~100克,加水50~100千克喷雾;防治二化螟、三化螟亩用75%可湿性粉剂100~150克,加水100~150千克喷雾。

(八) 茚虫威

其他名称　安打、安美。

特点　具有触杀和胃毒作用,用于鳞翅目害虫的防治,对环境中的非靶标生物非常安全,在作物中残留量低,用后第二天即可采收,尤其适用于蔬菜等多次采收类作物。

制剂　30%水分散粒剂、150克/升悬浮剂、15%乳油。

使用技术　防治小菜蛾、菜青虫,在2~3龄幼虫期亩用30%水分散粒剂4.4~8.8克或15%悬浮剂8.8~13.3毫升加水喷雾;防治甜菜夜蛾,低龄幼虫期每亩用30%水分散粒剂4.4~8.8克或15%悬浮剂8.8~17.6毫升加水喷雾;防治棉铃虫亩用

30%水分散粒剂 6.6~8.8 克或 15%悬浮剂 8.8~17.6 毫升加水喷雾，依棉铃虫为害的轻重，每次间隔 5~7 天，连续施药 2~3次，清晨、傍晚施药效果更佳。

注意事项 需与不同作用机理的杀虫剂交替使用，每季作物上建议使用不超过 3 次，以避免抗性的产生。

（九）异丙威

其他名称 灭扑散、叶蝉散。

特点 具有较强的触杀作用，击倒力强，药效迅速，但残效期较短，对稻飞虱、叶蝉科害虫具有特效，可兼治蓟马和蚜蟥，对飞虱天敌、蜘蛛类安全。

制剂 20%可湿性粉剂，20%乳油，2%、4%、10%粉剂，10%、15%、20%烟剂。

使用技术 防治飞虱、叶蝉，亩用 2%粉剂 2~2.5 千克，直接喷粉或混细土 15 千克，均匀撒施；防治甘蔗飞虱，每亩用 2%粉剂 2.0~2.5 千克，混细沙土 20 千克，撒施于甘蔗心叶及叶鞘间，防治效果良好。防治水稻害虫用 20%乳油 150~200 毫升，加水 75~100 千克，均匀喷雾；防治柑橘潜叶蛾，用 20%乳油加水 500~800 倍液喷雾。

注意事项 不能同敌稗混用或连用，使用前后最好间隔 10天以上，否则引起药害，也不能同碱性农药混用，以防药剂分解而降低防治效果。

（十）丁硫克百威

其他名称 好年冬、丁硫威。

特点 具有内吸、胃毒和触杀作用，见效快、持效期长，杀虫谱广，用于防治水稻、小麦、玉米、棉花、甘蔗、苹果、柑橘等作物多种害虫、地下害虫和线虫。

制剂 20%乳油，35%种子处理干粉剂，5%颗粒剂，混配制剂有丁硫·吡虫啉、阿维·丁硫、丁硫·毒死蜱等。

使用技术 蚜虫类的防治从蚜虫发生初盛期开始喷药，一般使用 40%水乳剂 2 000~2 500 倍液，或用 200 克/升乳油或 20%乳油 1 000~1 200 倍液，或用 5%乳油 250~300 倍液均匀喷雾；蓟马类、飞虱类及潜叶蝇类害虫的防治，从害虫发生为害初期开始均匀喷药，一般使用 40%水乳剂 1 000~1 500 倍液，或用 200 克/升乳油或 20%乳油 500~700 倍液，或用 5%乳油 150~200 倍液均匀喷雾；瓜果蔬菜地下害虫及根结线虫的防治在幼苗移栽定植前于定植沟内或定植穴内均匀撒施药剂，每亩使用 5%颗粒剂 5~7 千克，而后定植、覆土、浇水。

注意事项　在稻田使用时，避免同时使用敌稗和灭草灵，以防产生药害。

三、拟除虫菊酯类杀虫剂

拟除虫菊酯类杀虫剂是神经毒剂，作用于神经纤维膜，改变膜对钠离子的通透性，从而干扰神经而使害虫死亡。

（一）氰戊菊酯

其他名称　速灭杀丁、敌虫菊酯。

特点　具有触杀和胃毒作用，无内吸传导和熏蒸作用，杀虫谱广，对天敌无选择性，对人畜中等毒性，对鳞翅目幼虫效果好，对同翅目、直翅目、半翅目害虫也有较好防效，对螨类无效。

制剂　20%乳油，混配制剂有氰戊·丙溴磷、氰戊·辛硫磷、氰戊·马拉松。

使用技术　棉花害虫的防治，棉铃虫于卵孵盛期、幼虫蛀蕾铃之前施药，亩用 20%乳油 25~50 毫升加水喷雾，棉红铃虫在卵孵盛期也可用此浓度进行有效防治，同时可兼治小造桥虫、金刚钻、卷叶虫、蓟马、盲蝽等；棉蚜每亩用 20%乳油 10~25 毫升，对伏蚜则要增加用量。

果树害虫的防治，柑橘潜叶蛾在各季新梢放梢初期施药，亩用 20%乳油 5 000~8 000 倍液喷雾，同时兼治橘蚜、卷叶蛾、木虱等；柑橘介壳虫于卵孵盛期用 20%乳油 2 000~4 000 倍液喷雾。

蔬菜害虫的防治，菜青虫 2～3 龄幼虫发生期施药，亩用
20%乳油 10~25 毫升；小菜蛾在 3 龄前亩用 20%乳油 15～30 毫
升进行防治。

大豆害虫的防治，防治食心虫于大豆开花盛期、卵孵高峰
期施药，每亩用 20%乳油 20～40 毫升，能有效防治豆荚被害，
同时可兼治蚜虫、地老虎。

小麦害虫的防治，防治麦蚜、黏虫，于麦蚜发生期、黏虫
2～3 龄幼虫发生期施药，用 20%乳油 3 000~4 000 倍液喷雾。

注意事项在害虫、害螨并发的作物上使用此药，由于对螨
无效、对天敌毒性高，易造成害螨猖獗，所以要配合杀螨剂。

（二）顺式氰戊菊酯

其他名称　来福灵。

特点　触杀作用强，有一定的胃毒和拒食作用，效果迅速，
击倒力强，可用于防治鳞翅目、半翅目、双翅目害虫的幼虫，
对螨无效，对人、畜中毒，对鱼、蜜蜂高毒。

制剂　5%乳油。

使用技术　适用作物非常广泛，广泛使用于苹果、梨、桃、
葡萄、山楂、枣、柑橘等果树，小麦、玉米、水稻、大豆、花
生、棉花、甜菜等粮棉油糖作物，辣椒、番茄、茄子、十字花
科蔬菜、马铃薯等瓜果蔬菜，及烟草、茶树、森林等植物。一
般用 5%乳油稀释 2 000～5 000 倍液喷雾。

注意事项　不能与碱性农药等物质混用，要随配随用，害
虫、害螨并发的植物上要配合杀螨剂使用。

（三）溴氰菊酯

其他名称　敌杀死、凯素灵、凯安保。

特点　以触杀和胃毒作用为主，杀虫谱广，击倒速度快，
防治多种果树、蔬菜、林木上的鳞翅目、同翅目、半翅目害虫，
对人、畜中等毒性。

制剂　2.5%、5%乳油，2.5%水乳剂，2.5%悬浮剂，2.5%可湿性粉剂，混配制剂有溴氰·氧乐果、溴氰·辛硫磷等。

使用技术　主要用于喷雾防治害虫，有时根据需要也可拌土撒施。

喷雾：从害虫盛发初期或卵孵化盛期开始用药，及时均匀、周到喷雾。在粮、棉、油、菜、糖、茶、中药植物及草地等非果树林木类作物上使用时，一般亩用2.5%乳油40~50毫升，或2.5%可湿性粉剂40~50克喷雾；在果树、茶村、林木及花卉上使用时，一般使用2.5%乳油或2.5%可湿性粉剂1 500~2 000倍液，均匀喷雾。

撒施：主要用于防治玉米螟，在喇叭口期进行用药，亩用2.5%可湿性粉剂20~30克拌适量细土均匀撒施于玉米心（喇叭口内）。

注意事项　该药对螨、蚧类的防效甚低，不可专门用作杀螨剂，以免害螨猖獗为害，最好不单一用于防治棉铃虫、蚜虫等抗性发展快的害虫。

（四）甲氰菊酯

其他名称　灭扫利。

特点　具有触杀、胃毒及一定的忌避作用，杀虫谱广，可用于防治鳞翅目、鞘翅目、同翅目、双翅目、半翅目等害虫及多种害螨，对人、畜中毒。

制剂　10%、20%、30%乳油，20%水乳剂，20%可湿性粉剂，10%微乳剂，混配制剂有甲氰·噻螨酮、阿维·甲氰、甲氰·氧乐果等。

使用技术　主要通过喷雾防治害虫、害螨，在卵盛期至孵化期或害虫害螨发生初期或低龄期用药防治效果好。一般使用20%乳油或20%水乳剂或20%可湿性粉剂1 500~2 000倍液或10%乳油或10%微乳剂800~1 000倍液，均匀喷雾，特别注意果树的下部及内膛。

注意事项　注意与有机磷类、有机氯类等不同类型药剂交替使用或混用，以防产生抗药性；在低温条件下药效更高、持效期更长，特别适合早春和秋冬使用；采收安全间隔期棉花为21天、苹果为14天；该药对鱼、蚕、蜂高毒，避免在桑园、养蜂区施药及药液流入河塘。

（五）联苯菊酯

其他名称　氟氯菊酯、虫螨灵、天王星。

特点　具有触杀、胃毒作用，既有杀虫作用又有杀螨作用，可用于防治鳞翅目幼虫、蚜虫、叶蝉、粉虱、潜叶蛾、叶螨等，对人、畜中毒。

制剂　2.5%、10%乳油，混配制剂有很多，如联菊·啶虫脒、联菊·吡虫啉、联菊·炔螨特等。

使用技术　在粉虱发生初期，虫口密度低时（2头左右/株）施药，用2.5%乳油2 000~2 500倍液喷雾，虫情严重时可选用2.5%乳油4 000倍液与25%扑虱灵可湿性粉剂1 500倍液混用；蚜虫于发生初期用2.5%乳油2 500~3 000倍液喷雾，残效期15天左右；红蜘蛛于成、若螨发生期施药，用2.5%乳油2 000倍液喷雾，可10天内有效控制其为害。

（六）氟氯氰菊酯

其他名称　百树菊酯、百树得、氟氯氢醚菊酯。

特点　具触杀及胃毒作用，杀虫谱广，作用迅速，药效显著，对多种鳞翅目幼虫、蚜虫、叶蝉等有良好的防效，对人、畜低毒。

制剂　2.5%、5%、5.7%乳油，5.7%水乳剂，常与有机磷杀虫剂制成混配制剂，如氟氯·丙溴磷、氟氯·毒死蜱、唑磷·氟氯氰等。

使用技术　防治小菜蛾、菜青虫、甜菜夜蛾、斜纹夜蛾、烟青虫、菜螟等抗性害虫，在1~2龄幼虫发生期，亩用2.5%乳油20~40毫升，加水50千克喷雾；防治菜蚜、瓜蚜，亩用2.5%乳油15~20毫升，加水50千克喷雾；防治茄子叶螨、辣椒跗线螨，亩用 2.5%乳油 30~50 毫升，加水 50 千克喷雾；防治枣、苹果、梨等果树的蠹蛾、小卷叶蛾，在低龄幼虫始发期或开花坐果期，用 2.5%乳油 2 000~4 000 倍液喷雾；防治桃小食心虫、梨小食心虫、各种果树蚜虫，用 2.5%乳油 3 000~4 000倍稀释液喷雾；防治棉铃虫、棉红铃虫，亩用 2.5%乳油 30~50 毫升，加水 50~100 千克喷雾，可兼治棉花叶螨、棉象甲；防治棉蚜，苗期每亩用 20 毫升，伏蚜用 20~30 毫升，加水 50 千克喷雾；防治玉米螟，在卵孵化盛期施药，用 2.5%乳油 5 000倍液稀释液喷雾。

（七）高效氯氟氰菊酯

其他名称 三氟氯氰菊酯、功夫菊酯。

特点 有强烈的触杀、胃毒作用，也有驱避作用，杀虫谱广，对螨类兼有抑制作用，对鳞翅目幼虫及同翅目、直翅目、半翅目等害虫均有很好的防效，适用于防治花卉、草坪、观赏植物上大多数害虫，对蜜蜂、家蚕、鱼类及水生生物有剧毒。

制剂 2.5%乳油、2.5%微乳剂、2.5%水乳剂、10%可湿性粉剂、12.5%悬浮剂。

使用技术 钻食性害虫如水稻钻心虫、纵卷叶螟虫、棉铃虫等，在卵盛孵期，幼虫未钻进作物前用 2.5%乳油 1 500~2 000倍液对水喷雾防治，药液均匀喷洒到作物受虫为害部分。

果树害虫防治桃小食心虫，用 2.5%乳油 2 000~4 000 倍液；防治金纹细蛾，在成虫盛发期或卵孵化盛期用药，用 2.5%乳油 1 000~1 500 倍液喷雾。

地下害虫如蛴螬、蝼蛄、金针虫和地老虎，小麦种子用 12.5%悬浮剂 80~160 毫升拌种，拌种时先将所需药液用水混匀，再将种子倒入搅拌均匀，使药剂均匀包在种子上，堆闷 2~4 小时即可播种，可防治地下害虫。

注意事项 此药对螨仅有抑制作用，不能作为杀螨剂专用于防治害螨，不能与碱性物质混用。

（八）氯氰菊酯

其他名称　安绿保、灭百可、兴棉宝、韩乐宝、赛波凯等。

特点　为广谱、触杀性杀虫剂，可用来防治果树、蔬菜、草坪等植物上的鞘翅目、鳞翅目和双翅目害虫，也可防治地下害虫，还可防治牲畜体外寄生虫微小牛蜱及羊身上的痒螨属寄生虫、羊蜱蝇和其他各种瘿螨，对室内蜚蠊、蚊、蝇等传病媒介昆虫均有良效。

制剂　5%、10%、20%乳油，12.5%、20%可湿性粉剂，1.5%超低容量喷雾剂，混配制剂有氯氰·毒死蜱、氯氰·辛硫磷、氯氰·吡虫啉、甲维盐·氯氰。

使用技术　果树害虫的防治，如柑橘潜叶蛾于放梢初期或卵孵盛期，用10%乳油2 000~4 000倍液加水喷施，同时可兼治橘蚜、卷叶蛾等；苹果桃小食心虫在卵果率0.5%~1%或卵孵盛期，用10%乳油2 000~4 000倍液进行防治。

茶树害虫的防治，茶小绿叶蝉于若虫发生期、茶尺蠖于3龄幼虫期前进行防治，用10%氯氰菊酯乳油加水2 000~4 000倍液喷洒。

甜菜害虫的防治，防治对有机磷类农药和其他菊酯类农药产生抗性的甜菜夜蛾，用10%氯氰菊酯乳油1 000~2 000倍液防治效果良好。

（九）高效氯氰菊酯

其他名称　戊酸氰醚酯。

特点　具有触杀和胃毒作用，广泛用于防治农业害虫和卫生害虫，对鳞翅目、半翅目、双翅目、同翅目、鞘翅目等害虫均有良好的防效。

制剂　4.5%、2.5%、10%乳油，4.5%水乳剂，4.5%、5%可湿性粉剂，4.5%、5%微乳剂，5%悬浮剂等，混配制剂有阿维·高氯、高氯、高氯·灭幼脲、高氯·马等。

使用技术　棉蚜、蓟马，蚜株率达30%或卷叶株率在5%时进行防治，亩用 4.5%乳油 30~50 毫升，加水 40~50 千克，均匀喷雾；棉铃虫、红铃虫，在棉花二三代卵孵化盛期施药，亩用 4.5%乳油 30~50 毫升，加水 40~50 千克，均匀喷雾；菜青虫、小菜娥幼虫 2~3 龄期进行防治，每亩用 4.5%乳油 20~40毫升，加水 40~50 千克，均匀喷雾；菜蚜在无翅蚜发生盛期防治，亩用 4.5%乳油 20~30 毫升，加水 40~50 千克，均匀喷雾；柑橘潜叶娥在放梢初期及卵孵化盛期进行防治，亩用 4.5%乳油加水稀释 2 250~3 000 倍液喷雾；柑橘红蜡蚧在卵孵化盛期防治，亩用 4.5%乳油加水稀释 900 倍均匀喷雾。

注意事项　高效氯氰菊酯没有内吸作用，喷雾时必须均匀、周密；安全采收间隔期一般为 10 天；对鱼、蜜蜂和家蚕有毒，不能在蜂场和桑园内及其周围使用，并避免药液污染鱼塘、河流等水域。

四、昆虫生长调节剂

昆虫生长调节剂是昆虫脑激素、保幼激素和蜕皮激素的类似物以及几丁质合成抑制剂等对昆虫的生长、变态、滞育等主要生理现象有重要调控作用的各类化合物的通称。昆虫生长调节剂并不快速杀死昆虫，而是通过干扰昆虫的正常生长发育来减轻害虫对农作物的为害。昆虫激素类似物选择性高，一般不会引起抗性，且对人、畜和天敌安全，能保持正常的自然生态平衡而不会导致环境污染，是生产无公害农产品尤其是无公害瓜果菜产品应该优先选用的药剂。

使用昆虫生长调节剂类农药防治农业害虫，要注意选择最佳施药时间，即在各类害虫卵的盛孵期而不同于一般药剂的最佳施药期（低龄幼虫期），因为此类农药都属于缓效农药，要严格按照有关药剂标签要求规定的用药剂量使用，不要随意增加或减少，才能取得最好的防治效果。我国目前应用的昆虫生长调节剂类农药主要种类有灭幼脲、除虫脲、氟虫脲、氟硫脲、氟啶脲、丁醚脲、噻嗪酮、灭蝇胺、虫酰肼、甲氧虫酰肼等。

（一）灭幼脲

其他名称　灭幼脲三号、苏脲一号、一氯苯隆。

特点　以胃毒作用为主，对鳞翅目幼虫有良好的防治效果，对益虫和蜜蜂等膜翅目昆虫和森林鸟类几乎无害，对人、畜和天敌安全。

制剂　25%、50%悬浮剂，25%可湿性粉剂，常见的混配制剂有阿维·灭幼脲、哒螨·灭幼脲、灭脲·吡虫啉等。

使用技术　防治森林松毛虫、舞毒蛾、舟蛾、天幕毛虫、美国白蛾等食叶类害虫用25%悬浮剂2 000~4 000倍液均匀喷雾，飞机超低容量喷雾每公顷450~600毫升，在其中加入450毫升的脲素效果会更好；防治农作物黏虫、螟虫、菜青虫、小菜蛾、甘蓝夜蛾等害虫，用25%悬浮剂2 000~2 500倍液均匀喷雾；防治桃小食心虫、茶尺蠖、枣步曲等害虫用25%悬浮剂2 000~3 000倍液均匀喷雾。

注意事项　此药在2龄前幼虫期进行防治效果最好，虫龄越大，防效越差；该药于施药3~5天后药效才明显，7天左右出现死亡高峰；忌与速效性杀虫剂混配，以免使灭幼脲类药剂失去了应有的绿色、安全、环保作用和意义；灭幼脲悬浮剂有沉淀现象，使用时要先摇匀后加少量水稀释，再加水至合适的浓度，搅匀后喷用；灭幼脲类药剂不能与碱性物质混用，以免降低药效，与一般酸性或中性的药剂混用药效不会降低。

（二）除虫脲

其他名称　伏虫脲、敌灭灵、氟脲杀。

特点　以胃毒和触杀作用为主，对鳞翅目害虫有特效，对鞘翅目、双翅目多种害虫也有效，对人畜低毒。

制剂　20%悬浮剂，25%、50%、75%可湿性粉剂，5%乳油，混配制剂有除脲·辛硫磷、阿维·除虫脲。

使用技术　可防治黏虫、玉米螟、玉米铁甲虫、棉铃虫、稻纵卷叶螟、二化螟、柑橘木虱等害虫，以及菜青虫、小菜蛾、甜菜夜蛾、斜纹夜蛾等蔬菜害虫。防治菜青虫、小菜蛾，在幼虫发生初期，亩用20%悬浮剂15~20克，加水喷雾；防治斜纹夜蛾，在产卵高峰期或孵化期，用20%悬浮剂400~500倍液喷雾，可杀死幼虫，并有杀卵作用；防治甜菜夜蛾，在幼虫初期用20%悬浮剂100倍液喷雾，喷洒要力争均匀、周密，否则防效差。

注意事项　施药宜早，掌握在幼虫低龄期为好；贮存时应放在阴凉、干燥处，胶悬剂如有沉淀，用前摇匀再配药；家蚕养殖区施用本品应慎重。

（三）氟铃脲

其他名称　盖虫散。

特点　具有很高的杀虫和杀卵活性而且速效，尤其是防治棉铃虫，在害虫发生初期（如成虫始现期和产卵期）施药最佳，在草坪及空气湿润的条件下施药可提高盖虫散的杀卵效果。

制剂　5%乳油，20%水分散粒剂，混配制剂有甲维·氟铃脲、氟铃·毒死蜱、高氯·氟铃脲等。

使用技术　主要用于防治鳞翅目害虫，如菜青虫、小菜蛾、甜菜夜蛾、甘蓝夜蛾、烟青虫、棉铃虫、金纹细蛾、潜叶蛾、卷叶蛾、造桥虫、桃蛀螟、刺蛾类、毛虫类等。防治枣树、苹果、梨等果树的金纹细蛾、桃潜蛾、卷叶蛾、刺蛾、桃蛀螟等多种害虫，可在卵孵化盛期或低龄幼虫期用1 000~2 000倍5%乳油+1 000倍"天达2116"（果树专用型）液喷洒，药效可维持20天以上；防治柑橘潜叶蛾，可在卵孵化盛期用1 000倍5%乳油+1 000倍"天达2116"（果树专用型）液喷雾；防治枣树、苹果等果树的棉铃虫、食心虫等害虫，可在卵孵化盛期或初孵化幼虫入果之前用1 000倍5%乳油+1 000倍"天达2116"（果树专用型）液喷雾。

注意事项　对食叶害虫应在低龄幼虫期施药。钻蛀性害虫应在产卵盛期、卵孵化盛期施药；该药剂无内吸性和渗透性，喷药要均匀、周密。

（四）氟虫脲

其他名称　卡死克。

特点　具有胃毒和触杀作用，作用缓慢，一般施药后 10 天才有明显效果，广泛用于柑橘、棉花、葡萄、大豆、玉米和咖啡上，对植食性螨类和其他许多害虫均有特效，对捕食性螨和天敌昆虫安全。

制剂　5%可分散液剂。

使用技术　主要通过喷雾防治害虫及害蜗。在苹果、柑橘等果树上喷施时，一般使用 5%可分散液剂 1 000~1 500 倍液喷雾；在蔬菜、棉花等作物上喷施时，一般亩用 5%可分散液剂 30~50 毫升，加水 30~45 升喷雾；防治草地蝗虫时，一般亩用 5%可分散液剂 10~15 毫升，加水后均匀喷雾，喷药时应均匀、细致、周到。

注意事项　由于该药杀灭作用较慢，所以施药时间要较一般杀虫、杀螨剂提前 2~3 天，防治钻蛀性害虫宜在卵孵化盛期至幼虫蛀入作物前施药，防治害螨时宜在幼螨、若螨盛发期施药。

（五）氟啶脲

其他名称　抑太保、定虫脲、氟伏虫脲。

特点　以胃毒作用为主，兼有触杀作用，对鳞翅目害虫，如甜菜夜蛾、斜纹夜蛾有特效，对刺吸式口器害虫无效，残效期一般可持续 2~3 周，对使用有机磷、氨基甲酸酯、拟除虫菊酯等其他杀虫剂已产生抗性的害虫有良好的防治效果。

制剂　5%乳油，混配制剂有甲维·氟啶脲、高氯·氟啶脲、氟啶·毒死蜱等。

使用技术　茄果类及瓜果类蔬菜的棉铃虫、甜菜夜蛾、烟青虫、斜纹夜蛾等鳞翅目害虫的防治，在害虫卵孵化盛期至幼虫钻蛀为害前或低龄幼虫期开始均匀喷药，7 天左右 1 次，害虫发生偏重时最好与速效性杀虫剂混配使用，一般使用 5%乳油

400~600倍液或50%乳油4 000~6 000倍液均匀喷雾。

豆类蔬菜的豆荚螟、豆野螟等鳞翅目害虫的防治，在害虫卵孵化盛期至幼虫钻蛀为害前喷药，重点喷洒花蕾、嫩荚等部位，早、晚喷药效果较好，一般使用5%乳油600~800倍液，或50%乳油6 000~8 000倍液喷雾。

注意事项　喷药时要使药液湿润全部枝叶，才能发挥药效，适期较一般有机磷、除虫菊酯类杀虫剂提早3天左右，在低龄幼虫期喷药，钻蛀性害虫宜在产卵高峰盛期施药效果好。

（六）丁醚脲

其他名称　宝路、克螨隆、杀螨脲。

特点　是一种新型硫脲杀虫、杀螨剂，杀虫杀螨剂，具有触杀、胃毒作用，对氨基甲酸酯、有机磷和拟除虫菊酯类产生抗性的害虫具有较好的防治效果，低毒，但对鱼、蜜蜂高毒。

制剂　25%乳油，50%可湿性粉剂。

使用技术　防治苹果和柑橘害螨，用50%可湿性粉剂1 000~2 000倍液或25%乳油1 000~1 500倍液喷雾，持效期可达20~30天，安全间隔期为7天，每季作物最多施药1次。

注意事项　安全间隔期7天，每季作物最多施药1次；螨害发生重时，尤其成螨、幼螨、若螨及螨卵同时存在，必须保证必要的用药量。

（七）噻嗪酮

其他名称　扑虱灵、优乐得。

特点　以触杀作用为主，兼具胃毒作用，具渗透性，用于防治果树、茶树、水稻上的同翅目害虫，如叶蝉、飞虱、介壳虫等。

制剂　25%、65%、80%可湿性粉剂，25%、40%、50%悬浮剂，20%、40%水分散粒剂，混配制剂有噻嗪·异丙威、噻嗪·杀扑磷等。

使用技术　对同翅目的飞虱、叶蝉、粉虱及介壳虫类害虫有特效。防治水稻害虫如稻飞虱、叶蝉类，亩用 25%可湿性粉剂 20~30 克加水 50~75 千克喷雾；果树害虫如柑橘矢尖蚧、黑刺粉虱等，用 25%可湿性粉剂 1 500~2 000 倍液喷雾；茶树害虫如茶小绿叶蝉，用 25%可湿性粉剂 750~1 500 倍液喷雾；蔬菜害虫如白粉虱等，用 25%可湿性粉剂 1 500~2 000 倍液喷雾。

注意事项　药液不宜直接接触白菜、萝卜，否则将出现褐斑及绿叶白化等药害；不可用毒土法使用，应对水稀释搅拌均匀后喷洒。

（八）灭蝇胺

特点　具有内吸、触杀和胃毒作用，其特点是有强内吸传导作用，使双翅目幼虫和蛹在发育过程中发生畸形变态，成虫羽化受抑制或不完全。

制剂　30%、50%、70%、75%可湿性粉剂，20%、50%可溶性粉剂，80%、70%、60%水分散粒剂，10%、20%悬浮剂，15%颗粒剂，混配制剂有灭胺·杀虫单、灭胺·毒死蜱等。

使用技术　各种瓜果蔬菜的多种潜叶蝇的防治，从初见虫道时开始喷药，7~10 天 1 次，连喷 2 次，喷雾必须均匀周到。一般使用 10%悬浮剂 300~400 倍液或 20%可溶性粉剂 600~800 倍液或 50%可湿性粉剂或 50%可溶性粉剂 1 500~2 000 倍液或 70%可湿性粉剂或 70%水分散粒剂 2 000~2 500 倍液或 75%可湿性粉剂 2 500~3 000 倍液均匀喷雾。

防治韭菜根蛆时，在害虫发生初期或每次收割一天后用药液浇灌或顺垄淋根一次；防治葱、蒜根蛆时，在害虫发生初期用药液浇灌或顺垄淋根。一般使用 10%悬浮剂 400 倍液或 20%可溶性粉剂 800 倍液或 50%可湿性粉剂或 50%可溶性粉剂 2 000 倍液或 70%可湿性粉剂或 70%水分散粒剂 3 000 倍液或 75%可湿性粉剂 3 500 倍液浇灌或淋根，淋根用药时，用药液量要尽量充足，以使药液充分淋渗到植株根部。

注意事项　注意与不同作用机理的药剂交替使用，以减缓害虫抗药性的产生。喷药时，若在药液中混加 0.03%的有机硅或 0.1%的中性洗衣粉，可显著提高药剂防效。

（九）虫酰肼

其他名称　米满。

特点　具胃毒和触杀作用，杀虫活性高，选择性强，并有杀卵活性，用于防治蔬菜、果树、林木上的鳞翅目幼虫，在幼虫低龄期加水喷雾。

制剂　10%、20%、30%悬浮剂，10%乳油，混配制剂有甲维·虫酰肼、虫酰·毒死蜱、虫酰·辛硫磷等。

使用技术　防治枣、苹果、梨、桃等果树卷叶虫、食心虫、各种刺蛾、各种毛虫、潜叶蛾、尺蠖等害虫，用 20%悬浮剂 1 000~2 000 倍液喷雾；防治蔬菜、棉花、烟草、粮食等作物的抗性害虫，棉铃虫、小菜蛾、菜青虫、甜菜夜蛾及其他鳞翅目害虫，用 20%悬浮剂 1 000~2 500 倍液喷雾。

注意事项　该药对卵效果差，在幼虫发生初期喷药效果好；虫酰肼对鱼和水生脊椎动物有毒，对蚕高毒，用药时不要污染水源。

（十）甲氧虫酰肼

特点　新一代双酰肼类昆虫调节剂，可诱使害虫过早蜕皮，从而相对快速地抑制昆虫进食，对防治对象选择性强，只对鳞翅目幼虫和卵有效，对抗性鳞翅目幼虫防治效果也好。

制剂　24%悬浮剂。

使用技术　防治水稻二化螟，在以双季稻为主的地区，一代二化螟多发生在早稻秧田及移栽早、开始分蘖的本田禾苗上防止造成枯梢和枯心苗，一般在蚁螟孵化高峰前 2~3 天施药；防治虫伤株、枯孕穗和白穗，一般在蚁螟孵化始盛期至高峰期施药，亩用 24%悬浮剂 20.8~27.8 克，加水 50~100 升喷雾。

防治果树害虫，如苹果蠹蛾、苹果小食心虫等，在成虫开始产卵前或害虫蛀果前施药，亩用 24%悬浮剂 12~16 克，加水 200 升喷雾，重发区建议用最高推荐剂量，10~18 天后再喷 1

次，安全间隔期 14 天。

防治蔬菜害虫，如甜菜夜蛾、斜纹夜蛾，在卵孵化盛期和低龄幼虫期施药，亩用 24%悬浮剂 10~20 克，加水 40~50 升喷雾。

注意事项 施药时期掌握在卵孵化盛期或害虫发生初期。

五、其他类型杀虫剂

（一）新烟碱类杀虫剂

新烟碱类化合物是一类高效、安全、高选择性的新型杀虫剂，在国内外市场发展很快。我国从 20 世纪 80 年代末就开始了对新烟碱类杀虫剂的研究开发，目前已取得不少进展。新烟碱类杀虫剂的最大特点是对目前多种抗性害虫显示出了优异的防效和对哺乳动物毒性较低。新烟碱类第一个产品吡虫啉的优良的内吸性和高效、低毒、杀虫谱广、持效期长等特点很快得到社会公认。吡虫啉是通过与烟碱型的乙酰胆碱受体结合，使昆虫异常兴奋，全身痉挛麻痹而死，因此，该杀虫剂还具有良好的根部内吸活性、胃毒和触杀作用，对同翅目（吮吸口器害虫）效果明显，对鞘翅目、双翅目和鳞翅目害虫也有效。新烟碱类杀虫剂有吡虫啉、啶虫脒、噻虫嗪、烯啶虫胺、氯噻啉、噻虫啉、噻虫胺、呋虫胺等，据预测，新烟碱类产品今后 5 年内将占全球农药总量的 15%~20%。

1. 吡虫啉

其他名称 大功臣、高巧、咪蚜胺、蚜虱净。

特点 是新型烟碱型超高效低毒内吸性杀虫剂，并具较高的触杀和胃毒作用，具有速效、持效期长、对天敌安全等特点，对蚜虫、飞虱、叶蝉等有极好的防治效果。

制剂 70%、80%水分散粒剂，5%、15%、25%、35%、48%、60%悬浮剂，2.5%、5%、10%、25%、50%、70%可湿性粉剂，3%、5%乳油，4%、5%、10%、20%、30%微乳剂，20%可溶性液剂，60%悬浮种衣剂，混配制剂有吡虫·异丙威、

高氯·吡虫啉、吡虫·毒死蜱、阿维·吡虫啉等。

使用技术 可用于水稻、小麦、玉米、棉花、马铃薯、蔬菜、甜菜、果树等作物，由于它的优良内吸性，特别适用于种子处理和撒颗粒剂方式施药，一般亩用有效成分 3~10 克，加水喷雾或拌种，安全间隔期 20 天。

防治绣线菊蚜、苹果瘤蚜、桃蚜、梨木虱、卷叶蛾、粉虱、斑潜蝇等害虫，可用 10%可湿性粉剂 4 000~6 000 倍液喷雾，或用 5%吡虫啉乳油 2 000~3 000 倍液喷雾。

注意事项 不宜在强阳光下喷雾使用，以免降低药效。最近几年的连续使用，造成了很高的抗性，在水稻上国家已经禁止使用。

2. 啶虫脒

其他名称 莫比朗、金世纪、吡虫清、乙虫脒。

特点 具较强的触杀、胃毒和内吸作用，对同翅目害虫效果好，杀虫迅速，残效期可达 20 天左右，对人、畜低毒，对天敌杀伤力小。

制剂 40%水分散粒剂，5%、20%可湿性粉剂，3%、5%、20%乳油，3%、20%可溶性液剂，20%、40%可溶粉剂，30%水乳剂，3%微乳剂，混配制剂有甲维·啶虫脒、氯氟·啶虫脒、啶虫·仲丁威等。

使用技术 啶虫脒主要通过喷雾防治害虫，具体使用倍数或用药量因制剂含量不同而异。在果树及高秆作物上，一般使用 3%的制剂 1 500~2 000 倍液或 5%的制剂 2 500~3 000 倍液或 20%的制剂 10 000~12 000 倍液或 40%水分散粒剂 20 000~25 000 倍液或 50%水分散粒剂 25 000~30 000 倍液或 70%水分散粒剂 35 000~40 000 倍液，均匀喷雾；在粮棉油及蔬菜等矮秆作物上，一般亩用 1.5~2 克有效成分的制剂，加水 30~60 升喷雾，均匀、周到喷药，可以提高药剂的防治效果。

3. 噻虫嗪

其他名称 阿克泰、快胜。

特点　是一种全新结构的第二代烟碱类高效低毒杀虫剂，对害虫具有胃毒、触杀及内吸活性，用于叶面喷雾及土壤灌根处理，施药后迅速被内吸，并传导到植株各部位，对刺吸式害虫如蚜虫、飞虱、叶蝉、粉虱等有良好的防效。

制剂　25%、50%水分散粒剂，21%悬浮剂，70%种子处理可分散粒剂，混配制剂有氯虫·噻虫嗪、噻虫·高氯氟等。

使用技术　防治苹果蚜虫用25%水分散粒剂5 000~10 000倍液；防治瓜类白粉虱使用浓度为2 500~5 000倍液喷雾；防治梨木虱用25%噻虫嗪10 000倍液或每100升水加10毫升（有效浓度25毫克/升），或每亩果园用6克（有效成分1.5克）进行喷雾；防治柑橘潜叶蛾用25%水分散粒剂3 000~4 000倍液喷雾。

注意事项　不要在低于零下10℃和高于35℃的环境下贮存；该药杀虫活性很高，用药时不要盲目加大用药量。

4. 烯啶虫胺

特点　具有卓越的内吸性、渗透作用、杀虫谱广、安全无药害，是防治刺吸式口器害虫（如白粉虱、蚜虫、梨木虱、叶蝉、蓟马）的换代产品。

制剂　10%、50%水剂，10%、50%可溶性液剂，20%水分散粒剂，50%可溶性粒剂。

使用技术　防治柑橘蚜虫和苹果树蚜虫，10%可溶性液剂2 000~3 000倍液喷雾，或用50%可溶性粒剂10 000~20 000倍液喷雾；防治蔬菜烟粉虱、白粉虱，用10%可溶性液剂稀释2 000~3 000倍液均匀喷雾，温室内使用时，要将周围的墙壁及棚膜喷上药剂；防治蔬菜蓟马和蚜虫，用10%烯啶虫胺可溶性液剂稀释3 000~4 000倍液均匀喷雾；防治水稻稻飞虱用10%可溶性液剂稀释2 000~3 000倍液均匀喷雾，要重点喷水稻的中下部叶片。

注意事项　不可与碱性农药及碱性物质混用；对桑蚕、蜜蜂高毒。

（二）生物源类杀虫剂

当前是农药新产品、新技术发展的好时期，农药创制从高效、高毒、药效持久转变为不高效、低毒、低残留，值得企业关注的是，"仿生"合成是开发热点，生物源农药开发渐入佳境。生物源农药开发推进的重要原因有两点：一是投入高，全球各方面每年投入 30 余亿美元从事新农药的研发；二是开发技术在不断提高，计算机技术、高能通量筛选与微量筛选、组合化学的应用越来越深入，使开发效率有明显提高。最有代表性的研究方向是：利用昆虫等害虫特有的物质，如信息素、蜕皮激素等，进行"仿生"合成来控制害虫，开发产品的类型主要是通过对生物源的结构改造，取代一些高毒、高残留或抗性严重的传统农药。

生物源杀虫剂主要特性有以下 5 点。

（1）杀虫作用主要是引起害虫生病而死，因此是传染性的。细菌和病毒主要从口腔进入虫体繁殖，真菌主要穿过害虫体壁进入虫体繁殖，消耗虫体营养，使代谢失调，或在虫体内产生毒素毒杀害虫。因害虫染病后体弱逐渐死亡，若与化学农药混用，当害虫体弱时化学农药促使其死亡加快。

（2）一般不容易使害虫产生耐药性。

（3）选择性强，不伤害天敌。

（4）对人畜毒性很低，无残留，不污染环境。

（5）不足之处是应用效果受环境影响大，药效发挥慢，防治暴发性害虫效果差。

1. 苏云金杆菌

其他名称　Bt 乳剂。

特点　是一种细菌性杀虫剂，有效成分是细菌及其产生的毒素，对人、畜低毒。主要是胃毒作用，用于防治直翅目、鞘翅目、双翅目、膜翅目，特别是鳞翅目的多种害虫。

制剂　8 000IU/毫克、16 000IU/毫克、32 000IU/毫克可湿

性粉剂，2 000IU/微升、4 000IU/微升、8 000IU/微升悬浮剂，100 亿活芽孢/克可湿性粉剂，100 亿活芽孢/毫升悬浮剂，3.2%可湿性粉剂等。

使用技术 各种松毛虫、杨树舟蛾、美国白蛾等林木食叶害虫在 2~3 龄幼虫发生期，用 8 000IU/毫克可湿性粉剂 800~1 200 倍液均匀喷雾或 2 000IU/微升悬浮剂 200~300 倍液均匀喷雾；茶毛虫、枣尺蠖、金纹细蛾等果树食叶类害虫用 8 000IU/毫克可湿性粉剂 600~800 倍液均匀喷雾或 2 000IU/微升悬浮剂 150~200 倍液均匀喷雾；菜青虫在卵孵化盛期，亩用 8 000IU/毫克可湿性粉剂 50~100 克加水均匀喷雾；小菜蛾在低龄幼虫高峰期用 8 000IU/毫克可湿性粉剂 100~150 克加水均匀喷雾；玉米螟亩用 8 000IU/毫克可湿性粉剂 100~200 克，或用 2 000IU/微升悬浮剂 150~300 毫升，加水喷雾。

注意事项 用于防治鳞翅目害虫的幼虫，施用期比使用化学农药提前 2~3 天，对害虫的低龄幼虫效果好，30℃以上施药效果最好；不能与内吸性有机磷杀虫剂或杀菌剂混合使用；本品对蚕毒力很强，在养蚕地区使用时，必须注意勿与蚕接触，施药区与养蚕区一定要保持一定距离，以免使蚕中毒死亡；本品应保存在低于 25℃的干燥阴凉仓库中，防治暴晒和潮湿，以免变质。

2. 白僵菌

特点 真菌杀虫剂，对人、畜安全，对蚕感染力很强，无环境污染，害虫不易产生抗性，可用于防治鳞翅目、同翅目、膜翅目、直翅目等害虫。

制剂 300 亿或 100 亿孢子/克油悬浮剂，400 亿或 100 亿孢子/克可湿性粉剂，400 亿/克活水分散粒剂，2 亿活孢子/平方厘米挂条。

使用技术 菌粉用水溶液稀释配成菌液，每毫升菌液含孢子 1 亿以上，用菌液在蔬菜上喷雾；苗粉与 2.5%敌百虫粉均匀混合，每克混合粉含活孢子 1 亿以上，在蔬菜上喷粉；防治松毛虫用孢子 150 万亿~180 万亿个，可直接对水喷雾，也可采集发病死亡虫尸，放到松林中，扩大染病面积；防治玉米螟可向喇叭口撒颗粒剂（按 1∶10 与煤渣混合），每株约 2 克，或灌菌液。

注意事项 菌液配好后要于 2 小时内用完，以免过早萌发而失去侵染能力，颗粒剂也应随用随拌；不能与化学杀菌剂混用；最好在阴天、雨后或早晨使用。

3. 核型多角体病毒

特点 病毒杀虫剂，对人、畜、鸟、益虫、鱼及环境和植物安全，害虫不易产生抗性，具有胃毒作用，不耐高湿，易被紫外线照射失活，作用较慢，适于防治鳞翅目害虫。

制剂 粉剂、可湿性粉剂（核型多角体病毒 10 亿个/克）。

使用技术 主要用于防治农业和林业害虫，一般亩用粉剂 100 克加水 50 升，喷雾。不能与酸、碱物质混放、混用，不在强阳光下使用。

4. 多杀霉素

其他名称 菜喜、催杀。

特点 微生物源生物化学杀虫剂，对人、畜低毒，具有胃毒和触杀作用，无内吸作用，但对叶面有较强的渗透作用，可杀死表皮下的害虫，对鳞翅目幼虫、蓟马等效果好，对刺吸式口器害虫和螨类防效差。

制剂 2.5%、48%悬浮剂。

使用技术 蔬菜害虫防治小菜蛾，在低龄幼虫盛发期用 2.5%悬浮剂 1 000~1 500 倍液均匀喷雾或每亩用 2.5%悬浮剂 33~50 毫升加水 20~50 千克喷雾；防治甜菜夜蛾，于低龄幼虫期，亩用 2.5%悬浮剂 50~100 毫升加水喷雾，傍晚施药效果最好；防治蓟马，于发生期，亩用 2.5%悬浮剂 33~50 毫升加水喷雾，或用 2.5%悬浮剂 1 000~1 500 倍液均匀喷雾，重点在幼嫩组织如花、幼果、顶尖及嫩梢等部位。

注意事项　对鱼或其他水生生物有毒，要避免污染水源和河流。

5. 阿维菌素

其他名称　齐螨素、害极灭、杀虫丁、螨克素。

特点　是新型抗生素类杀虫、杀螨剂，具有触杀、胃毒和微弱的熏蒸作用，但杀虫作用较慢，一般药后 2~4 天死亡，无内吸作用，但对叶面有较强的渗透作用，可杀死表皮下的害虫，且残效期长。能防治鳞翅目、鞘翅目、同翅目的害虫以及叶螨、锈螨等，对人、畜高毒。

制剂　0.6%、1.0% 和 1.8% 乳油，0.15%、0.2% 高渗，1%、1.8% 可湿性粉剂，0.5% 高渗微乳油，2% 水分散粒剂，10% 水分散粒剂等。混配制剂有阿维·哒螨灵、阿维·高氯、阿维·氟铃脲、阿维·辛硫磷、阿维·噻唑膦、阿维·苏云金、阿维·杀虫单等。

使用技术　防治小菜蛾、菜青虫，在低龄幼虫期使用 1 000~1 500 倍 2% 阿维菌素乳油+1 000 倍 1% 甲维盐混合液，可有效地控制其为害，药后 14 天对小菜蛾的防效仍达 90%~95%，对菜青虫的防效可达 95% 以上。

防治金纹细蛾、潜叶蛾、潜叶蝇、美洲斑潜蝇和蔬菜白粉虱等害虫，在卵孵化盛期和幼虫发生期用 3 000~5 000 倍 1.8% 阿维菌素乳油+1 000 倍高氯喷雾，药后 7~10 天防效仍达 90% 以上。

防治甜菜夜蛾，用 1 000 倍 1.8% 阿维菌素乳油喷雾，药后 7~10 天防效仍达 90% 以上。

防治果树、蔬菜、粮食等作物的叶螨、瘿螨、茶黄螨和各种抗性蚜虫，使用 4 000~6 000 倍 1.8% 阿维菌素乳油喷雾。

注意事项　对蜜蜂、鱼等高毒，应避免植物开花期使用，要避免污染水源和河流，施药区竖立明显标志，不与碱性农药混用。

6. 印楝素

特点　植物源生物化学杀虫剂，具有胃毒、触杀、拒食、忌避及影响昆虫生长发育等多种作用，并具有良好的内吸传导性，属新型植物杀虫剂。高效低毒，能防治鳞翅目、同翅目、鞘翅目等多种害虫，对人、畜、鸟类及天敌安全，无残毒，不污染环境。

制剂　0.3%、0.32%、0.5%、0.7%乳油，0.8%阿维·印楝素乳油，1%苦参·印楝素乳油。

使用技术　一般用0.3%乳油稀释800~2 000倍液喷雾。注意不能与碱性农药混用，清晨或傍晚用药。

7. 川楝素

其他名称　蔬果净。

特点　植物源生物化学杀虫剂，具有胃毒、触杀及一定的拒食作用，对鳞翅目、同翅目、鞘翅目等多种害虫有效，对人、畜安全。

制剂　0.3%、0.5%楝素乳油，0.5%楝素杀虫乳油。

使用技术　可防治花卉等的多种害虫，如对蚜虫、蛾类、螨类、蝇类等都有明显的防治效果。同时，与其他农药相比，用相同药量施用于同类花卉，防效高，缓效性作用大。其使用方法一般用0.3%乳油稀释800~1 500毫升加水750升均匀喷雾；如系单株防治害虫，用0.3%乳油100毫升加水800~1 000毫升喷雾即可。

注意事项　该生物农药与大多数快速击倒害虫的杀虫剂不同，施药后害虫停止进食，虫脑仍会在植株上存活数天，不必加大用药量或其他药剂补治；在黄昏前施药，药效更能发挥。

8. 苦参碱

其他名称　苦参、蚜螨敌、苦参素。

特点　植物源生物化学杀虫剂，从苦参等植物中用乙醇等有机溶剂提取制成，具有触杀、胃毒作用，对鳞翅目幼虫、蚜虫、螨类等多种害虫有效，对人、畜安全。

制剂　1%醇溶液，0.2%、0.3%水剂，1.1%粉剂。

使用技术　一般使用0.2%水剂稀释100~300倍液喷雾。制剂应置于阴凉、通风处，桑园禁用，不得与碱性药物混用，安全间隔期为7~10天。

9. 烟碱

特点　植物源生物化学杀虫剂，从烟草中提取制成，以触杀作用为主，兼有胃毒、熏蒸作用，对鳞翅目、半翅目、缨翅目、双翅目等多种害虫有效，对人、畜低毒。

制剂　10%、30%乳油、2%水乳剂，混配制剂有27.5%烟碱·油酸乳油、30%茶皂素·烟碱、27%皂素·烟碱。

使用技术　防治棉蚜、烟蚜，亩用10%乳油50~70毫升，加水喷雾；防治棉蚜，亩用27.5%烟碱·油酸乳油70~120毫升，加水喷雾；防治菜青虫、蚜虫，亩用30%茶皂素·烟碱25~35毫升，加水喷雾；对柑橘棉蚜，用30%乳油2 400~3 000倍液喷雾；防治夜蛾、食心虫、潜叶蝇、蓟马等，用2%水乳剂800~1 200倍液喷雾。

注意事项　烟碱对作物无药害，但在茄子、辣椒、番茄和马铃薯等茄科植物上慎用；烟碱对蚕有毒，不得用于桑园。

10. 鱼藤酮

其他名称　毒鱼藤。

特点　是一种低毒植物源杀虫剂。从豆科植物苦参根中提取，对害虫具有触杀和胃毒作用，用于防治鳞翅目、同翅目害虫，对螨类也有防效。

制剂　2.5%、4%、7.5%乳油。

使用技术　用于防治蔬菜上的蚜虫、黄守瓜、袁叶虫、二十八星瓢虫、黄条跳甲等，防治菜青虫和蚜虫，亩用4%乳油80~120毫升加水30升喷雾；防治小菜蛾用4%乳油80~160毫升加水30升喷雾；防治斜纹夜蛾，亩用4%乳油80~120毫升加水 30 升喷雾；防治蔬菜跳甲，亩用 4% 乳油 80~160 毫升加水 30 升喷雾。

（三）沙蚕毒素类杀虫剂

按照沙蚕毒素的化学结构，仿生合成了一系列能做农用杀虫剂的类似物，如杀螟丹、杀虫双、杀虫单、杀虫螟等，统称为沙蚕毒素类杀虫剂，也是人类开发成功的第一类动物源杀虫剂。对成虫、幼虫、卵有杀伤力，既有速效性，又有较长的持效性，因而在田间使用时，施药适期长，防治效果稳定，可用于防治水稻、蔬菜、甘蔗、果树、茶树等多种作物上的多种食叶害虫、钻蛀性害虫，有些品种对蚜虫、叶蝉、飞虱、蓟马、螨类等也有良好的防治效果。

1. 杀虫双

特点　对害虫具有较强的触杀、胃毒作用，并兼有一定的熏蒸作用，有很强的内吸作用，能被作物的叶、根等吸收和传导，适用于水稻、蔬菜、果树、棉花和小麦等作物，对人、畜毒性中等，对水生生物毒性很小，残毒期达 2 个月左右。

制剂　18%、25% 水剂，3.6% 颗粒剂，混配制剂有杀双·毒死蜱、甲维·杀虫双、杀双·灭多威等。

使用技术　柑橘潜叶蛾在新梢长 2~3 毫米即新梢萌发初期，或田间 50% 嫩芽抽出时，用 18% 水剂 600~700 倍液喷雾，隔 7 天左右再喷 1 次；防治达摩凤蝶，在卵孵化盛期，用 25% 水剂 600 倍液喷雾。菜青虫、小菜蛾在幼虫 2~3 龄盛期前，亩用 25% 水剂 100~150 毫升，加水喷雾；防治小菜蛾，与 Bt 混用效果更好，亩用 25% 水剂 150 毫升加 Bt 200 毫升，加水喷雾；防治茭白螟虫，在卵孵盛末期，亩用 18% 水剂 150~250 毫升，加水 50 千克喷雾或 18% 水剂 500 倍液灌心。甘蔗苗期条螟、大螟亩用 25% 水剂 200~250 毫升，加水 250~300 升淋浇蔗苗，隔 7 天左右再施药 1 次。

注意事项　夏季高温时有药害，使用时应小心。

2. 杀虫单

特点　具有较强的触杀、胃毒和内吸传导作用，对鳞翅目害虫的幼虫有较好的防治效果，属仿生型农药，对天敌影响小，无抗性，无残毒，不污染环境，是综合治理虫害较理想的药剂。

制剂　90%可湿性粉剂，3.6%颗粒剂，混配制剂有吡虫·杀虫单、高氯·杀虫单、杀单·毒死蜱等。

使用技术　该药剂能有效地防治水稻、蔬菜、小麦、玉米、茶叶、果树等作物上的多种害虫，在我国登记作物为水稻，用于防治螟虫，对鱼类低毒，但对蚕的毒性大。防治甘蔗螟虫亩用90%可湿性粉剂160克，于根区施药，保持蔗田湿润以利药剂被吸收发挥，安全间隔期至少28天；防治水稻二化螟、三化螟、稻纵卷叶螟、稻蓟马、飞虱、叶蝉，亩用90%可湿性粉剂50~60克加水均匀喷雾，持效期7~10天；防治菜青虫、小菜蛾等，亩用90%可湿性粉剂35~50克加水均匀喷雾。

注意事项　本品对家蚕剧毒，使用时应特别小心，防止污染桑叶及蚕具等；杀虫单对棉花、某些豆类敏感，不能在此类作物上使用。

3. 杀螟丹

其他名称　巴丹、派丹。

特点　具有触杀和胃毒作用，用于防治水稻、十字花科蔬菜、柑橘、甘蔗和茶树的鳞翅目和同翅目害虫，在正常条件下对眼睛和皮肤无过敏反应，未见致癌、致畸、致突变作用，对鱼有毒，对蜜蜂和家蚕有毒，对鸟类低毒，对蜘蛛等天敌无毒。

制剂　50%、98%可溶性粉剂，4%颗粒剂。

使用技术　防治水稻二化螟、三化螟亩用50%可溶性粉剂75~100克，加水40~50千克喷雾；稻纵卷叶螟、稻苞虫亩用50%可溶性粉剂100~150克，加水50~60千克喷雾；防治蔬菜害虫小菜蛾、菜青虫亩用50%可溶性粉剂25~50克，加水50~60千克喷雾；防治茶树害虫用50%可溶性粉剂1 000~2 000倍液均匀喷雾；防治甘蔗害虫亩用 50%可溶性粉剂 100~125 克，加水 50 千克喷雾，或加水 300 千克淋浇蔗苗；防治果树害虫用 50%可溶性粉剂 1 000 倍液均匀喷雾；防治玉米螟亩用 50%可溶性粉剂 100 克，加水 100 千克喷雾或均匀灌在玉米心内。

注意事项　水稻扬花期或作物被雨露淋湿时不宜施药，喷药浓度高对水稻也会有药害，十字花科蔬菜幼苗对该药敏感，使用时小心。

（四）二酰胺类杀虫剂

1. 氯虫苯甲酰胺

特点　具有胃毒作用，渗透性强，杀虫谱广，持效性好，主要用于防治鳞翅目害虫，对鱼中等毒，对鸟和蜜蜂低毒，对家蚕剧毒。

制剂　5%、20%悬浮剂，35%水分散粒剂，混配制剂有氯虫·噻虫嗪、阿维·氯苯酰等。

使用技术　防治苹果树金蚊细蛾喷 35%水分散粒剂 17 500~25 000 倍液，桃小食心虫喷 7 000~10 000 倍液，在发蛾盛期和蛾产卵初期施药，间隔 14 天再喷 1 次。

注意事项　一季作物使用本剂不得超过 3 次，并注意与其他杀虫剂轮换使用。

2. 溴氰虫酰胺

其他名称　氰虫酰胺。

特点　该药是杜邦公司继氯虫酰胺之后成功开发的第二代鱼尼丁受体抑制剂类杀虫剂，氰虫酰胺是通过改变苯环上的各种极性基团而成，更高效，适用作物更广泛，可有效防治鳞翅目、半翅目和鞘翅目害虫。

制剂　10%可分散油悬浮剂。

使用技术　用于防治大葱美洲斑潜蝇、甜菜夜蛾、蓟马和小白菜斜纹夜蛾、小菜蛾、黄条跳甲、蚜虫、菜青虫。防治大葱美洲斑潜蝇，亩用制剂 14~24 毫升；防治大葱、甜菜夜蛾，亩用制剂 10~18 毫升；防治大葱蓟马，亩用制剂 18~24 毫升。

3. 氟虫双酰胺

特点　具有胃毒和触杀作用，能快速抑制害虫取食，见效快，持效期长，对鳞翅目的幼虫、成虫都具有较好的活性。

制剂　20%水分散粒剂，混配制剂有 10%阿维·双酰胺悬浮剂。

使用技术　防治甜菜夜蛾、斜纹夜蛾、小菜蛾等鳞翅目害虫，于害虫产卵期至幼虫 3 龄期前，亩用 20%水分散粒剂 15~20 克，加水 50~60 千克均匀喷雾。

注意事项　为避免抗性的产生，一季作物或一种害虫宜使用2~3 次。

（五）其他类型杀虫剂

1. 乙虫腈

特点　为芳基吡唑类杀虫剂，无致突变性，对皮肤和眼睛无刺激、无致敏性，对多种咀嚼式和刺吸式害虫有效，作用方式为触杀，主要用于防治蓟马、蝽、象虫、甜菜麦蛾、蚜虫、飞虱和蝗虫等，对某些粉虱也表现出活性。

制剂　100 克/升悬浮剂。

使用技术　目前仅登记用于防治稻飞虱，在低龄若虫高峰期，亩用 100 克/升悬浮剂 30~40 毫升，加水 50 千克全面喷雾，该药速效性较差，持效期 14 天左右，一般施药 1~2 次即可。

注意事项　养鱼稻田禁用，施药后田水不得直接排入水体，不得在河塘等水域清洗施药器具。

2. 虫螨腈

其他名称　溴虫腈、除尽、专攻。

特点　具有胃毒及触杀作用，在叶面渗透性强，有一定的内吸作用，且具有杀虫谱广、防效高、持效长、安全的特点，可以控制抗性害虫，用于防治蔬菜、果树、茶树上的鳞翅目、同翅目、缨翅目害虫及螨类。

制剂　10%悬浮剂，30%虫螨腈。

使用技术　在低龄幼虫期或虫口密度较低时亩用10%悬浮剂30毫升或30%虫螨腈30毫升，虫龄较高或虫口密度较大时每亩用40~50毫升，加水喷雾，每茬菜最多可喷2次，间隔10天左右。

3. 螺虫乙酯

特点　具有很好的内吸性，能在植物体内向上、向下传导，对刺吸式口器害虫有很好的防治效果，对鱼中等毒，对家蚕、蜜蜂、鸟均低毒，速效性较好，持效期30天左右。

制剂　224克/升螺虫乙酯悬浮剂。

使用技术　防治柑橘介壳虫，用224克/升悬浮剂4 000~5 000倍液喷雾，防治番茄烟粉虱亩用224克/升悬浮剂20~30克，加水喷雾。

第二节　杀螨剂、杀线虫剂及杀软体动物剂

一、杀螨剂

螨类属于节肢动物门，在形态、习性及栖息场所等方面具有多样性，分布广、适应性强、种类繁多，估计在世界上有30万~50万种，仅次于昆虫纲。一般植食性螨是一种最为普遍的植物害虫，其个体较小，大多密集群居于作物的叶片背面刺吸为害，使得果树、棉花、蔬菜和观赏植物等大量减产，损失严重。在一个群体中可以存在所有生长阶段的螨，包括卵、若螨、幼螨和成螨等。螨类繁殖迅速，生活史短，越冬场所变化大，容易对药剂形成抗药性，这些都决定了螨类较难防治。化学防治是害螨综合治理的一个重要环节。

害螨1年内发生的代数多，种群增长能力强，1年内往往要施药数次方能控制其为害，因而害螨较易产生抗药性。为防止或延缓产生抗药性，在使用杀螨剂防治害螨时须注意如下5点。

（1）选用对螨的各个生育期都有效的杀螨剂。叶螨的成螨、

若螨的卵往往同时存在，而卵的数量又大大超过成螨、若螨，若使用无杀卵作用的杀螨剂，螨的数量短期内虽有下降，但不久群体数量又回升，需再次施药。一种药剂连续多次使用，易诱发抗药性。因此，最好选用对卵、幼若螨、成螨都有效的杀螨剂。

（2）选在害螨对药剂最敏感的生育期施药。例如，四螨嗪对卵杀伤力很强，对幼螨和若螨也较强，对成螨基本无效，就应在卵盛期、幼螨期施药。唑螨酯和苯丁锡对螨卵效果很低或基本无效，不应在卵盛期施药。

（3）选在害螨发生初期，种群数量不大时施药，以延长药剂对螨的控制时间，减少使用次数。持效期长的杀螨剂品种，1年内尽可能只使用1次。

（4）不可随意提高用药量或药液浓度，以保持害螨群中有较多的敏感个体，延缓抗药性的产生和发展。

（5）不同杀螨机制的杀螨剂轮换使用或混合使用。哒螨灵和噻螨酮无交互抗性，可以轮换使用。双甲脒、单甲脒与其他杀螨剂的作用机制不同，可以混用或轮用。

兼有杀螨作用的杀虫剂叫杀虫杀螨剂，常见的有阿维菌素、甲氰菊酯、氟虫脲、虫螨腈等。只能杀螨而不能杀虫的农药成为杀螨剂，如炔螨特、四螨嗪、哒螨酮等，以下介绍几种主要杀螨剂及其特性。

（一）三氯杀螨醇

其他名称 开乐散。

特点 遇碱易分解，对人、畜低毒，对多种天敌无害，对成螨、幼螨及卵均有效。具有较强的触杀和胃毒作用，无内吸作用，速效，持效期15~20天。

制剂 20%乳油。

使用技术 防治柑橘红蜘蛛，在春梢大量抽生期，或幼若螨发生始盛期，用20%乳油800~1 000倍液均匀喷雾；防治柑橘锈壁虱，在害螨发生始盛期，或害螨尚未转移为害果实前，用20%乳油1 000~1 500倍液均匀喷雾。

防治苹果红蜘蛛、山楂红蜘蛛，在苹果开花前后，幼若螨发生始盛期，平均每叶螨数3~4头，夏季平均每叶螨数6~7头时，用20%乳油800~1 000倍液均匀喷雾。

防治菊花、玫瑰等花卉上的害螨，在害螨发生始盛期，用20%乳油1 000~3 000倍液均匀喷雾。

注意事项　不宜用于茶树、食用菌、蔬菜、瓜类、草莓等作物；在柑橘、苹果等采收前45天，应停止用药；苹果的红玉等品种对该药容易产生药害，使用时要注意安全。

（二）炔螨特

其他名称　克螨特、灭螨净、丙炔螨特。

特点　对人、畜低毒，对鱼类高毒，对成螨、若螨有效，杀卵效果差，具有触杀和胃毒作用，无内吸和渗透传导作用。

制剂　25%、40%、57%、73%乳油。

使用技术　炔螨特效果广泛，能杀灭多种害螨，还可杀灭对其他杀虫剂已产生抗药性的害螨，不论杀成螨、若螨、幼螨及螨卵效果均较好，在世界上被使用了30多年，至今未见抗药性的问题。可用于防治棉花、蔬菜、苹果、柑橘、茶、花卉等作物各种害螨，一般用25%乳油稀释800~1 000倍液喷雾或40%乳油稀释1 500~2 000倍液喷雾或57%乳油稀释2 000~2 500倍液喷雾或73%乳油稀释2 500~3 000倍液喷雾。

注意事项　炔螨特为触杀性农药，无组织渗透作用，故需均匀喷洒作物叶片的两面及果实表面。

（三）三唑锡

其他名称　倍尔霸、三唑环锡、灭螨锡。

特点　为触杀作用强的广谱杀螨剂，可杀灭若螨、成螨和夏卵，对冬卵无效。对光稳定，残效期长，对作物安全，对蜜蜂毒性极低，对鱼类毒性高，对人畜中等毒性。

制剂　8%乳油，25%可湿性粉剂，20%悬浮剂，混配制剂有哒螨·三唑锡、吡虫·三唑锡、阿维·三唑锡。

使用技术　适用于防治果树、蔬菜上多种害螨，防治柑橘红蜘蛛、柑橘锈壁虱用25%可湿性粉剂1 000～2 000倍液均匀喷雾；防治苹果叶螨用25%可湿性粉剂1 000～1 500倍液喷雾；防治葡萄叶螨，用25%可湿性粉剂1 000～1 500倍液喷雾；防治茄子红蜘蛛，用25%可湿性粉剂1 000倍液喷雾。

注意事项　该药不能与波尔多液等碱性药混用，不宜与百树菊酯混用；对柑橘新叶、嫩梢、幼果易产生药害；避免污染水域。

（四）双甲脒

其他名称　螨克。

特点　具有触杀、拒食、驱避作用，也有一定的胃毒、熏蒸和内吸作用，对叶螨科各个虫态都有效，但对越冬卵效果较差，对其他抗性螨类也有较好的防治效果，持效期长，对人、畜中等毒，对鱼类有毒，对蜜蜂、鸟、天敌低毒。

制剂　10%、12.5%、20%乳油。

使用技术　防治苹果叶螨、柑橘红蜘蛛、柑橘锈螨、木虱，用20%乳油1 000～1 500倍液喷雾；防治茄子、豆类红蜘蛛，用20%乳油1 000～2 000倍液喷雾，西瓜、冬瓜红蜘蛛用20%乳油2 000～3 000倍液喷雾；防治棉花红蜘蛛，用20%乳油1 000～2 000倍液喷雾，同时对棉铃虫、红铃虫有一定兼治作用；环境害螨用20%乳油1 000倍液喷雾。

（五）苯丁锡

其他名称　克螨锡，托尔克，螨完锡。

特点　以触杀作用为主，对幼螨、若螨、成螨杀伤力强，对卵几乎无效，对天敌影响小，对人、畜低毒。为感温型杀螨剂，温度高药效好。

制剂　25%、50%可湿性粉剂，25%悬浮剂。

使用技术　用于防治柑橘、苹果、梨、葡萄、茶树、豆类、茄子、瓜类、番茄等蔬菜的叶螨，也可用于防治观赏植物食性螨。如防治柑橘红蜘蛛，用50%可湿性粉剂2 000~2 500倍液喷雾，锈螨用2 000倍液喷雾，叶螨、锈螨并发时可兼治；防治山楂、苹果红蜘蛛用50%可湿性粉剂1 000~1 500倍液喷雾；茄子、豆类等蔬菜的叶螨用1 500~2 500倍液喷雾；茶树短须螨、橙瘿螨用1 000~1 500倍液喷雾。

注意事项　15℃以下时药效差，因而冬季勿用；可与多数杀虫剂、杀菌剂混用。

（六）四螨嗪

其他名称　阿波罗，螨死净。

特点　对鸟类、鱼类及天敌昆虫安全，对人、畜低毒，为有机氮杂环类杀螨剂。该药剂具有触杀作用，无内吸作用，对螨卵有较好防效，对幼螨也有一定活性，对成螨效果差，残效期50天左右。

制剂　10%、20%可湿性粉剂，20%、25%、50%悬浮剂，混配制剂有四螨·哒螨灵、四螨·炔螨特、四螨·三唑锡、阿维·四螨嗪等。

使用技术　用于防治苹果全爪螨、山楂叶螨、二斑叶螨等。在苹果开花前，苹果全爪螨越冬卵初孵期施药，用20%可湿性粉剂2 000~2 500倍液喷雾，一般一次施药即可控制螨害，如果后期局部发生，应改用其他杀螨剂防治；防治山楂叶螨，在苹果落花后，越冬代成螨产卵高峰期施药，用20%可湿性粉剂2 000~2 500倍液喷雾，防治红蜘蛛喷药一定要仔细周到，20年生的成龄树每株用药液量要在20升左右；防治二斑叶螨在5月底以前，做好地面防治的同时，6月二斑叶螨上树后，应及时防治，用20%螨死净可湿性粉剂2 000~2 500倍液混加15%哒螨灵乳油6 000倍液喷雾，喷药时应特别注意树冠内膛喷布仔细。

注意事项　可与多数杀虫剂、杀菌剂混用，不能与波尔多液等碱性药混用。

（七）噻螨酮

其他名称 尼索朗、除螨威、合赛多。

特点 对多种植物害螨具有强烈的杀卵、杀幼若螨的特性，对成螨无效，但对接触到药液的雌成虫所产的卵具有抑制孵化的作用，对天敌、蜜蜂影响小，对人、畜低毒，一般施药后7天才显高效，残效达50天左右。

制剂 5%乳油，5%可湿性粉剂，混配制剂有噻螨·哒螨灵、阿维·噻螨酮、甲氰·噻螨酮。

使用技术 防治苹果红蜘蛛，在幼若螨盛发期，平均每叶有3~4只螨时，用5%乳油或5%可湿性粉剂1 500~2 000倍液喷雾，收获前7天停止使用。

注意事项 本剂宜在成螨数量较少时（初发生时）使用，若是螨害发生严重时，不宜单独使用本剂，最好与其他具有杀成螨作用的药剂混用；在蔬菜收获前30天停用，在1年内，只使用1次为宜。

（八）哒螨酮

其他名称 哒螨灵、牵牛星、扫螨净、速螨酮。

特点 对人、畜中毒，为广谱、高效杀螨、杀虫剂，具有触杀作用，无内吸、传导和熏蒸作用，对螨的各个发育阶段都有很高的活性，具有击倒速度快、残效期长（可达1~2个月）的特点。用于防治叶螨、全爪螨、跗线螨和瘿螨危害，并可兼治同翅目、缨翅目害虫（如粉虱、叶蝉、棉蚜、蓟马、白背飞虱、桃蚜、蚧类等）。

制剂 15%乳油，20%可湿性粉剂。

使用技术 适用于柑橘、苹果、梨、山楂、棉花、烟草、蔬菜（茄子除外）及观赏植物。如用于防治柑橘和苹果红蜘蛛、梨和山楂等锈壁虱时，在害螨发生期均可施用（为提高防治效果最好在平均每叶2~3头时使用），将20%可湿性粉剂或15%乳油加水稀释至2 300~3 000倍液喷雾。安全间隔期为15天，即在收获前 15 天停止用药。

注意事项　该药 1 年内只宜用 1 次，可与多数杀虫剂、杀菌剂混用，不能与波尔多液等碱性药混用。

（九）浏阳霉素

其他名称　多活霉素。

特点　为灰色链霉菌浏阳变种提炼成的抗生素类杀螨剂，具触杀作用，无内吸作用，药液直接喷施在螨体上药效很高，对成螨、若螨及幼螨有高效，但不能杀死螨卵，药效迟缓，残效期长。对人、畜低毒，对天敌昆虫、蜜蜂和家蚕较安全，对鱼类有毒，不杀伤捕食螨，不易产生抗性，对叶螨、瘿螨均有效。

制剂　5%、10%浏阳霉素乳油。

使用技术　防治棉花红蜘蛛于红蜘蛛始盛发期，亩用 10%乳油 40~60 毫升，加水喷雾，喷药后 14 天内可控制螨害；防治苹果树的苹果红蜘蛛、山楂红蜘蛛，柑橘的全爪螨、锈壁虱用 10%乳油 1 000~2 000 倍液喷雾，持效期 20 天左右；豆角红蜘蛛、茄红蜘蛛亩用 10%乳油 30~50 毫升，对辣椒红蜘蛛，亩用 10%乳油 40~60 毫升，加水喷雾；桑红蜘蛛用 10%乳油 2 000 倍液喷雾；花卉上的红蜘蛛一般用 10%乳油 1 000~2 000 倍液喷雾。

注意事项　浏阳霉素为触杀型杀螨剂，务必喷雾均匀，方能取得预期的防治效果；对鱼毒性高，应避免污染水源。

二、杀线虫剂

对于线虫，目前缺乏彻底有效的根治方法，也不是单一的措施就能防治，需要通过农业措施、物理防治、生物防治和化学防治等一套综合技术。但在众多防治方法中，化学方式最受农户推崇，也最为直接有效，在调查中，近九成受访农户都期待通过化学防治达到理想效果。按照防治方法不同，主要分为两大类：一类是具有内吸性或触杀性的选择性杀线虫剂，另一类是熏蒸性杀线虫剂。选择性杀线虫剂有克百威、滴灭威、甲基异柳磷、特丁硫磷、噻唑膦、灭线磷、毒死蜱、辛硫磷、阿维菌素、吡虫啉等，其中前 4 个属于高毒农药，已被禁用或限用。熏蒸性杀线虫剂有棉隆、三氯硝基甲烷（氯化苦）、二甲基二硫醚、硫酰氟、威百亩、氰氨基化钙（石灰氮）等，这几种杀线虫剂几乎都对植物线虫有不错的防治效果。

（一）棉隆

其他名称　必速灭。

特点　属低毒杀菌、杀线虫剂，具有熏蒸作用，易于在土壤及其他基质中扩散，持效期长，能与肥料混用，不会在植物体内长期残留，对皮肤无刺激作用，对鱼中等毒性，对蜜蜂无毒害。

制剂　98%颗粒剂，75%可湿性粉剂。

使用技术　先进行旋耕整地，浇水保持土壤湿度，亩用98%颗粒剂 20～30 千克，进行沟施或撒施，旋耕机旋耕均匀，盖膜密封 20 天以上，揭开膜敞气 15 天后播种；用于温室、苗床等土壤处理，花卉每平方米需 98% 棉隆颗粒剂 30～40 克，撒施后立即覆土。

注意事项　施用土壤后受土壤温湿度以及土壤结构影响较大，使用时土壤温度应大于 12℃，12～30℃最宜，土壤湿度大于 40%（湿度以手捏土能成团，1 米高度掉地后能散开为标准）；棉隆利用灭生性的原理，所以生物药肥不能同时使用。

（二）威百亩

其他名称　维巴姆、保丰收、硫威钠。

特点　具有熏蒸作用，在土壤中降解成异氰酸甲酯发挥作用，具有杀线虫、杀菌及除草功能，对眼睛及鼻黏膜有刺激作用，对蜜蜂无毒。

制剂　35%、42%水剂。

使用技术　适用于温室、大棚、塑料拱棚、花卉、烟草、中草药、生姜、山药等经济作物苗床土壤、重茬种植的土壤灭菌，及组培种苗等培养基质、盆景土壤、食用菌菇床土等熏蒸灭菌，能预防线虫、真菌、细菌、地下害虫等引起的各类病虫害并且兼防马塘、看麦娘、莎草等杂草。使用方法如下。

1. 苗床使用方法

整地：施药前先将土壤耕松，整平，并保持潮湿；施药：按制剂用药量加水 50~75 倍（视土壤湿度情况而定）稀释，均匀喷到苗床表面并让药液润透土层 4 厘米；覆盖：施药后立即覆盖聚乙烯地膜阻止药气泄漏；除膜：施药后 10 天后除去地膜，耙松土壤，使残留气体充分挥发 5~7 天；播种：待土壤残余药气散尽后，土壤即可播种或种植。

2. 营养土使用方法

准备营养土：如使用有机肥、基肥等需先与土壤混合均匀；配制药液：将该剂加水稀释 80 倍液备用；施药：将营养土均匀平铺于薄膜或水泥地面 5 厘米厚，将配制后的药液均匀喷洒到营养土上，润透 3 厘米以上，再覆 5 厘米营养土、喷洒配制后的药液，依此重复成堆，最后用薄膜覆盖严密，防止药气挥发；除膜：施药后 10 天后除去薄膜，翻松营养土，使剩余药气充分散出，5 天后再翻松一次，即可使用。

3. 沟施使用方法

每亩对水 400 千克，于播种前 20 天以上，在地面开沟，沟深 20 厘米，沟距 20 厘米，将稀释药液均匀的施于沟内，盖土压实后（不要太实），覆盖地膜进行熏蒸处理（土壤干燥可多加水稀释药液），15 天后去掉地膜，翻耕透气，再播种或移栽。大风天或预计 1 小时内降雨，请勿施药。

注意事项　不可直接施用于作物表面，土壤处理每季最多施药 1 次；地温 10℃以上时使用效果良好，地温低时熏蒸时间需延长；应于 0℃以上存放，温度低于 0℃易析出结晶，使用前如发现结晶，可置于温暖处升温并摇晃至全溶即可，不影响使用效果；使用时需要现配现用，稀释液不可长期留存；不能与波尔多液、石硫合剂等混用。

（三）噻唑膦

其他名称　福气多、伏线宝、代线仿。

特点　具有触杀和内吸作用，毒性较低，对根结线虫、根腐（短体）线虫、胞囊线虫、茎线虫等有特效。此产品已实现国产化，在中国已取得了在黄瓜、番茄、西瓜上的登记，可广泛应用于蔬菜、香蕉、果树、药材等作物。

制剂　10%颗粒剂，20%水乳剂。

使用技术　防治根结线虫亩用10%颗粒剂1.5~2千克，拌细土撒施于土壤；用20%水乳剂在线虫侵入作物前预防亩用伏线宝1瓶（500毫升）随水冲施或加水2 000倍液喷施、浇灌移栽窝，线虫侵入作物后治疗可根据线虫危害程度亩用伏线宝1~2瓶随水冲施或加水750~1 000倍液灌根。

（四）灭线磷

其他名称　益收宝、灭克磷、益舒宝。

特点　具有触杀作用，无内吸和熏蒸作用，用于花生、银萝、香蕉、烟草及观赏植物线虫及地下害虫的防治，对鸟类和鱼类高毒，对蜜蜂毒性中等。

制剂　5%、10%、20%颗粒剂。

使用技术　花生根结线虫防治，亩用20%颗粒剂1 500~1 750克，可以穴施或沟施，但注意药剂不能与种子直接接触，否则易产生药害，在穴内或沟内施药后先覆一薄层的有机肥，再播种覆土；花卉线虫防治在花卉移植时，先在20%颗粒剂的200~400倍液中浸渍15~30分钟后再种植，或者以每平方米用20%颗粒剂5克施入土中；蔬菜线虫防治亩用20%颗粒剂2 000~6 500克，加水喷于土壤上；马铃薯线虫防治亩用20%颗粒剂3 330克，加水施于20厘米深土壤中；甘薯线虫防治亩用20%颗粒剂1 000~1 330克，施于40厘米深土壤中。

注意事项　但注意药剂不能与种子直接接触，否则易产生药害，在穴内或沟内施药后先覆一薄层的有机肥，再播种覆土。

（五）淡紫拟青霉菌

其他名称　线虫清、颠杀线虫剂。

特点　属于内寄生性真菌，是一些植物寄生线虫的重要天敌，是新型纯微生物活孢子制剂，具有高效、广谱、长效、安全、无污染、无残留等特点，可明显刺激作物生长。适用于大豆、番茄、烟草、黄瓜、西瓜、茄子、姜等作物根结线虫、胞囊线虫的防治。

使用技术　常见剂型有高浓缩吸附粉剂，播种时进行拌种。拌种按种子量的 1% 进行拌种后，堆捂 2~3 小时、阴干即可播种；处理苗床将淡紫拟青霉菌剂与适量基质混匀后撒入苗床，播种覆土，1 千克菌剂处理 15~20 平方米苗床；处理育苗基质将 1 千克菌剂均匀拌入 1~1.5 立方米基质中，装入育苗容器中；穴施施在种子或种苗根系附近，亩用量 3~5 千克；有机肥添加量，1 吨有机肥添加 2~3 千克，进行第二次发酵，3~5 天。

三、杀软体动物剂

杀软体动物剂是指用于防治为害农、林、渔业等有害软体动物的一类农药。为害农作物的软体动物隶属于软体动物门、腹足纲，主要有蜗牛、蛞蝓、田螺、钉螺等，它们可以快速繁殖，发生量大，对植物生长全过程都会带来重大影响。杀软体动物剂发展缓慢，品种少，其中的一些品种对鱼类和哺乳动物毒性大，个别品种在人体内有累积毒性，也有的品种会严重抑制土壤微生物。因此，对高等动物、鱼类及人类安全，对有害软体动物高效，对环境友好的新型杀软体动物剂亟待研究与开发。

（一）杀螺胺

其他名称　氯硝柳胺、百螺杀、氯螺消、贝螺杀。

特点　为酰胺类化合物，是很有效的杀螺剂，用于水田灭钉螺，由于其难溶于水，影响杀螺效果，一般制成杀螺胺乙醇胺盐。

制剂 70%可湿性粉剂，25%悬浮剂。

使用技术 防治蛞蝓时一般用70%可湿性粉剂200~500倍液直接喷于蛞蝓体上；杀灭稻田福寿螺，在田间保持3厘米水层但不淹没稻苗，亩用70%可湿性粉剂40~50克，加水喷洒或配成毒土撒施，施药后保水层，至少2天不再灌水；杀灭钉螺在滩涂上，春季每平方米用70%可湿性粉剂1克，加水喷洒。

（二）杀螺胺乙醇胺盐

其他名称 螺灭杀、氯硝柳胺乙醇胺盐。

特点 是一种强的杀软体动物剂，具有胃毒作用，对螺卵、血吸虫尾蚴等有强杀灭作用，作用迅速，药效持久，对人、畜较安全。

制剂 50%、70%可湿性粉剂，25%乳油。

使用技术 防治水稻福寿螺，亩用50%可湿性粉剂60~80克或70%可湿性粉剂30~40克，加水喷雾或撒毒土；或采用浸杀法，按每立方米水体用50%可湿性粉剂4克。

杀灭钉螺，春季在湖洲、河滩上按每平方米用70%可湿性粉剂1克对水喷雾；秋冬季可用浸杀灭螺法，就是把药剂喷施或配成毒土撒施在湖洲、河滩有积水的洼地，使水中含药浓度达0.2~0.4毫克/升，浸杀2~3天，可杀死土表和土内的钉螺。当水源困难时，不利于喷洒或浸杀的情况下，可采用细沙拌药撒粉灭螺。

在农业上用于防治蛞蝓也有效，70%可湿性粉剂150~700倍液直接喷施于蛞蝓体上，晴天应在早晨蛞蝓尚未潜土时喷药为好，阴天可在上午施药。

（三）四聚乙醛

其他名称 多聚乙醛、灭蜗灵、蜗牛敌。

特点 该药剂是一种选择性强的杀螺剂，具有胃毒作用，而且对蜗牛、蛞蝓有强烈的引诱作用，对人、畜低毒，对鱼类、陆上及水生非靶生物毒性低，对蚕低毒，适用于防治水稻福寿螺、蔬菜、棉花和烟草上蜗牛、蛞蝓和福寿螺等软体动物。

制剂 6%、5%颗粒剂，80%可湿性粉剂，混配制剂有聚醛·甲萘威颗粒剂。

使用技术 在春、秋雨季蜗牛活动盛期，可在秧苗播种或移植后，亩用6%颗粒剂400~500克，均匀撒施于稻田，保持存水层（3~4厘米）3~7天，或拌细沙撒施，使福寿螺、蜗牛、蛞蝓易于接触药剂，可达保苗效果；蔬菜苗移植后，即可撒施，亩用6%颗粒剂400~500克。

注意事项 不宜与化肥混施；施药后，不要在田中践踏，施药后如遇大雨，要及时补施；应存放在阴凉干燥处，以免潮湿解聚；对鱼类等水生动物虽然较安全，但仍应避免过量使用污染水源，造成水生动物中毒。

第三节 杀菌剂

凡是对病原物有杀死作用或抑制生长作用，但又不妨碍植物正常生长的药剂，统称为杀菌剂。杀菌剂是一类用来防治植物病害的药剂，可根据作用方式、原料来源及化学组成进行分类，杀菌剂按来源分，除农用抗生素属于生物源杀菌剂外，主要的品种都是化学合成杀菌剂。

一、无机杀菌剂

无机杀菌剂是近代植物病害化学防治中广泛使用的一类杀菌剂。19世纪80年代后，大规模使用的是波尔多液等铜制剂和石硫合剂等硫制剂，主要防治果树和蔬菜病害，该类杀菌剂作用方式为保护剂。在植物感病前施药，使病原菌孢子萌发受到抑制或被杀死从而使植物避免病原菌侵染受到保护。百余年来，在病害防治中发挥了重要作用，病原菌对其未产生抗药性，今后仍将在生产中应用。

（一）硫黄

特点　硫黄属多功能药剂，除有杀菌作用外，还能杀螨和杀虫，用于防治各种作物的白粉病和叶螨等，持效期可达半个月左右。

制剂　80%水分散粒剂，45%、50%悬浮剂，混配制剂有多·硫、福·甲·硫黄、硫黄·三唑酮可湿性粉剂，硫黄·三环唑悬浮剂等。

使用技术　蔬菜使用硫黄悬浮剂主要用于防治瓜类白粉病，使用时将50%悬浮剂稀释成200~400倍液喷雾，每隔10天左右喷洒1次，一般发病轻的用药2次，发病重者用药3次。

（二）石硫合剂

特点　石硫合剂是由硫黄、生石灰和水熬制而成，三者最佳配比是生石灰：硫黄：水=1:2:10，其有效成分是多硫化钙，主要用作杀菌剂，此外还具有一定的杀虫、杀螨作用，可防治苹果、葡萄、麦类等的白粉病及多种害螨及介壳虫，以前主要由果农自己熬制，现在有加工好的制剂销售。

制剂　29%水剂，45%固体，45%结晶，30%块剂。

使用技术　防治苹果病虫害用45%结晶200~300倍液，在苹果开花前和落花后10天喷雾，防治苹果白粉病；苹果发芽后用45%结晶150~200倍液防治苹果花腐病；苹果休眠期用45%结晶30倍液喷雾防治苹果腐烂病；防治桃树病害在桃树发芽前可用45%结晶100倍液防治桃流胶病、缩叶病和疮痂病；防治葡萄病害于发芽前用45%结晶100倍液，可防治白粉病、黑痘病及东方盔蚧越冬若虫等；防治柿子的白粉病，在春季（4~5月份）用45%结晶300倍液喷洒。

注意事项　现配现用；气温达到32℃以上时慎用；桃、李、梅、梨等蔷薇科和紫荆、合欢等豆科植物对石硫合剂敏感。

（三）波尔多液

特点　波尔多液是硫酸铜和生石灰加水的混合制剂，是一种良好的保护性杀菌剂，黏着性很好，喷洒在植物表面后，可形成一层保护膜，不易被雨水冲刷掉，杀菌范围广，适宜在病菌入侵作物前使用。

制剂　80%可湿性粒剂。生产上常用的波尔多液多数是使用者现配现用，用硫酸铜、生石灰和水按一定的比例配制成的天蓝色胶状悬浊液。比例有波尔多液1%等量式（硫酸铜：生石灰：水=1：1：100）、1%倍量式（硫酸铜：生石灰：水=1：2：100）、1%半量式（硫酸铜：生石灰：水=1：0.5：100）、1%多量式［硫酸铜：生石灰：水=1：（3~5）：100］等。

使用技术　波尔多液广泛用于预防蔬菜、果树、棉、麻等的多种病害，对霜霉病、炭疽病、晚疫病、轮纹病等效果好。

注意事项　现用现配，久置失效；配制时先用少量水把石灰溶解成石灰乳其余的水配制硫酸铜溶液，然后将硫酸铜溶液慢慢倒入石灰乳中，边倒边搅拌；不能与石硫合剂混用；先期西洋参叶片嫩时不可使用以免发生药害。

（四）氧化亚铜

其他名称　靠山，铜大师。

特点　该药剂是一种以保护性为主兼有治疗作用的广谱无机铜杀菌剂，兼杀细菌和真菌，具有极强的黏附性，保护膜很耐雨水冲刷，对人、畜及天敌低毒，对鱼类低毒。

制剂　56%、86.2%水分散微粒剂，86.2%可湿性粉剂。

使用技术　氧化亚铜主要应用于喷雾，但由于不同瓜菜对铜离子的敏感性不同，故在不同瓜菜上的用药量差异较大，在病害发生前或发生初期喷药效果好，且喷药应均匀周到。番茄的晚疫病、褐腐病、早疫病从初见病斑时或病害发生初期开始喷药，7天左右1次，与相应治疗性杀菌剂交替使用，连喷4~6次，一般每亩次使用86.2%水分散粒剂或可湿性粉剂80~100克，加水60~75千克均匀喷雾。

茄子的疫病、绵疫病从初见病斑时或雨季到来前开始喷药，7天左右1次，连喷2~3次，重点喷洒植株中下部，一般亩用

86.2%水分散粒剂或可湿性粉剂80~100克，加水45~60千克均匀喷雾。

辣椒的疫病、疮痂病、霜霉病从病害发生初期或初见病斑时开始喷药，7天左右1次，与相应治疗性杀菌剂交替使用，连喷3~5次，防治疫病时重点喷洒植株中部，防治霜霉病时重点喷洒叶片背面，一般亩用86.2%水分散粒剂或可湿性粉剂120~150克，加水60~75千克均匀喷雾。

黄瓜的霜霉病、细菌性叶斑病、炭疽病以防治霜霉病为主，兼防其他病害，从初见病斑时开始喷药，7大左右1次，与相应治疗性杀菌剂交替使用，连续喷药。一般亩用86.2%水分散粒剂或可湿性粉剂120~180克，加水60~90千克喷雾，重点喷洒叶片背面。

西瓜的炭疽病、细菌性果斑病从病害发生初期或初见病斑时开始喷药，7天左右1次，连喷2~4次。防治细菌性果斑病时重点喷洒瓜的表面。一般亩用86.2%水分散粒剂或可湿性粉剂60~80克，加水45~60千克喷雾。

注意事项　该药安全性较低，必须严格按照使用说明用药，以免发生药害；高温高湿时、高温干旱时及对铜离子敏感的作物慎用，有些瓜类的幼苗期慎用；混合用药时，要先试验后混用，避免发生药剂反应、导致药害。

（五）氢氧化铜

其他名称　可杀得、丰护安、克杀得、冠菌铜、根灵。

特点　为保护性铜基广谱杀菌剂，药剂颗粒细，扩散和附着性好，施药后能均匀地黏附在植物体表面，不易被雨水冲刷，病菌不易产生抗药性，能兼治真菌与细菌病害，对人、畜低毒。

制剂　77%可湿性粉剂，46%水分散粒剂，25%、37.5%悬浮剂。

使用技术　用于柑橘、水稻、花生、十字花科蔬菜、胡萝卜、番茄、马铃薯、葱类、辣椒、茶树、葡萄、西瓜等防治柑橘疮痂病、树脂病、溃疡病、脚腐病，水稻白叶枯病、细菌性条斑病、稻瘟病、纹枯病，马铃薯早疫病、晚疫病，十字花科蔬菜黑斑病、黑腐病，胡萝卜叶斑病，芹菜细菌性斑点病、早疫病、斑枯病，茄子早疫病、炭疽病、褐斑病等。

防治柑橘溃疡病，在各次新梢芽长 1.5~3 厘米、新叶转绿时喷 77% 可湿性微粒粉剂 400~600 倍液，25% 悬浮剂 300~500 倍液或 46% 水分散粒剂 1 500~2 000 倍液，每 7~10 天喷 1 次，连喷 3~4 次；防治柑橘脚腐病，刮除病部后，涂抹 77% 可湿性粉剂 10 倍液；防治柑橘炭疽病喷 77% 可湿性粉剂 400~600 倍液。

注意事项　对铜敏感植物忌用，温室、大棚内慎用。

二、有机杀菌剂

有机杀菌剂指在一定剂量或浓度下，具有杀死为害作物的病原菌或抑制其生长发育的有机化合物，包括有机硫杀菌剂、有机氯杀菌剂、有机磷杀菌剂、有机砷杀菌剂、有机锡杀菌剂、有机汞杀菌剂（已禁用），酰胺类杀菌剂、酰亚胺类杀菌剂、取代苯类杀菌剂、苯并咪唑类杀菌剂、三唑类杀菌剂、杂环类杀菌剂和农用抗生素及植物杀菌素。

（一）代森锌

特点　叶面用保护性杀菌剂，主要用于防治麦类、蔬菜、葡萄、果树和烟草等作物的多种真菌病害，可防治白菜、黄瓜霜霉病，番茄炭疽病，马铃薯晚疫病，葡萄白腐病、黑斑病，苹果、梨黑星病等。

制剂　65%、80% 可湿性粉剂，混配制剂有王铜·代森锌、代森·甲霜灵等。

使用技术　防治马铃薯早疫病、晚疫病，番茄早疫病、晚疫病、斑枯病、叶霉病、炭疽病、灰霉病，茄子绵疫病、褐纹病，白菜、萝卜、甘蓝霜霉病、黑斑病、白斑病、软腐病、黑腐病，瓜类炭疽病、霜霉病、疫病、蔓枯病、冬瓜绵疫，豆类炭疽病、褐斑病、锈病、火烧病等，用 65% 的可湿性粉剂 500~

700 倍液喷雾，喷药次数根据发病情况而定，一般在发病前或发病初期开始喷第 1 次药，以后每隔 7~10 天喷 1 次，速喷 2~3 次。

防治蔬菜苗期病害，可用代森锌和五氯硝基苯做成"五代合剂"处理土壤。即用五氯硝基苯和代森锌等量混合后，按每平方米育苗床面用混合制剂 8~10 克。用前将药剂与适量的细土混匀，取 1/3 药土撒在床面做垫土，播种后用剩下的 2/3 药土作播后覆盖土用，而后用塑料薄膜覆盖床面，保持床面湿润，直到幼苗出土揭膜。

防治白菜霜霉病，蔬菜苗期病害，可用种子重量的 0.3%~0.4%进行药剂拌种。

（二）福美双

其他名称　秋兰姆、赛欧散、阿锐生。

特点　广谱保护性杀菌剂，可防治多种作物的霜霉病、疫病、炭疽病，尤其对种子传染和苗期土壤传染的病害有良好的防治效果，对高等动物毒性中等。

制剂　50%、75%、80%可湿性粉剂。

使用技术　主要用作种子处理和土壤处理，粮食作物病害用拌种防治水稻稻瘟病、胡麻叶斑病、稻苗立枯病、稻恶苗病，每 50 千克种子用 50%可湿性粉剂 250 克拌种或用 50%可湿性粉剂 500~1 000 倍液浸种 2~3 天。

注意事项　注意不能与铜、汞及碱性农药混用或前后紧连使用；拌过药的种子有残毒，不能再食用。

（三）代森锰锌

其他名称　速克净、大生、喷克、大生富、山德生。

特点　是杀菌谱较广的保护性杀菌剂。对霜霉病、疫病、炭疽病及各种叶斑病有防治效果。

制剂　70%、80%可湿性粉剂，混配制剂有烯酰·锰锌、氢铜·锰锌、乙铝·锰锌、锰锌·三唑酮、锰锌·霜霉威、异菌·多·锰锌。

使用技术　防治番茄、茄子、马铃薯疫病、炭疽病、叶斑病，用80%可湿性粉剂400～600倍液，发病初期喷洒，连喷3～5次；防治蔬菜苗期立枯病、猝倒病，用80%可湿性粉剂，按种子重量的0.1%～0.5%拌种；防治瓜类霜霉病、炭疽病、褐斑病，用80%可湿性粉剂400～500倍液喷雾，连喷3～5次；防治白菜、甘蓝霜霉病，芹菜斑点病，用80%可湿性粉剂500～600倍液喷雾，连喷3～5次；防治菜豆炭疽病、赤斑病，用80%可湿性粉剂400～700倍液喷雾，连喷2～3次。

注意事项　使用时需戴口罩及手套，不要使药液溅洒在眼睛和皮肤上，喷药后用肥皂洗手、洗脸，该品不要与铜制剂和碱性药剂混用。

（四）多菌灵

其他名称　棉萎灵、棉萎丹、保卫田。

特点　是一种高效、低毒、广谱的内吸杀菌剂，具有明显的向顶输导性能，可用于叶部喷雾，也可拌种和浇土处理。可用于防治褐大丽花花腐病、月季褐斑病、君子兰叶斑病等，对皮肤和眼睛无刺激作用，对试验动物无致癌作用，对鱼类和蜜蜂低毒。

制剂　40%悬浮剂，25%、40%、50%、80%可湿性粉剂，混配制剂有多·咪·福美双、嘧霉·多菌灵、烯唑·多菌灵等。

使用技术　多菌灵常用于为谷物、柑橘属、蕉、草莓、凤梨或梨果等水果的杀真菌过程。将25%多菌灵可湿性粉剂对水稀释后喷施，用400～500倍液防治白菜类、萝卜、乌塌菜等的白斑病。将50%可湿性粉剂对水稀释后喷施，用500倍液防治大白菜的炭疽病、白斑病，萝卜炭疽病，白菜类灰霉病；用600～800倍液防治十字花科蔬菜的菌核病；用800倍液防治白菜等的炭疽病、十字花科蔬菜白斑病、青花菜叶霉病。将80%可湿性粉剂对水稀释后喷施，用800倍液防治白菜类、萝卜等的白斑病。

注意事项　使用时，多菌灵可与一般杀菌剂混用，但与杀虫剂、杀螨剂混用时，要随混随用。

（五）噻菌灵

其他名称　特克多、涕必灵。

特点　高效、广谱、内吸性杀菌剂，兼有保护和治疗作用，能向顶传导，但不能向基传导，持效期长，与苯并咪唑类杀菌剂有交互抗性，属低毒杀菌剂，对皮肤无刺激作用，对动物无致畸、致癌和致突变作用。

制剂　15%、42%、45%悬浮剂，40%、60%、90%可湿性粉剂，42%胶悬剂等。

使用技术　主要用于蔬菜、水果类的防腐。柑橘贮藏病害用45%悬浮液1 000~5 000毫克/千克浸果3~5分钟，低温下保存2~3个月，仍新鲜；香蕉防腐用45%悬浮液500~700毫克/千克浸果3分钟，捞出凉干，低温保存，保鲜期1个多月；水稻恶苗病每100千克稻种用有效成分含量180~300克可湿性粉剂拌种，如60%可湿性粉剂用300~500克，90%可湿性粉剂用200~300克；苹果和梨的青霉病、炭疽病、灰霉病、黑星病、白粉病等防治，收获前每亩用含有效成分30~60克药液喷雾。

注意事项　该剂对鱼有毒，注意不要污染池塘和水源。

（六）异菌脲

其他名称　扑海因、咪唑霉。

特点　属广谱保护性、触杀型杀菌剂，但也具有一定的治疗作用，主要防治葡萄孢属、丛梗孢属、青霉属、核盘菌属、丝核菌属等引起的多种植物病害，可用来防治对苯并咪唑类内吸杀菌剂有抗性的真菌。

制剂　550%可湿性粉剂，25.5%、50%悬浮剂，10%乳油，混配制剂有咪鲜·异菌脲、嘧霉·异菌脲、异菌·福美双、锰锌·异菌脲、甲硫·异菌脲等。

使用技术　适用于瓜类、番茄、辣椒、茄子、园林花卉、草坪等多种蔬菜及观赏植物等，主要防治对象为由葡萄孢菌、珍珠菌、交链孢菌、核盘菌等引起的病害。苹果轮斑病、褐斑病及落叶病的防治，春梢生长期初发病时，喷50%可湿性粉剂1 000~1 500倍液，以后每隔10~15天喷1次；花生冠腐病每100千克种子用50%可湿性粉剂100~300克拌种；玉米小斑病的防治，在玉米小斑病初发时开始喷药，50%可湿性粉剂200~400克加水喷雾，隔2周再喷1次；番茄早疫病，番茄移栽后半个月开始喷药，50%可湿性粉剂100~200克加水喷雾，隔2周再喷1次。

注意事项　注意不能与强酸性或强碱性的药剂混用，不能与腐霉利、农利灵等作用方式相同的杀菌剂混用或轮用。

（七）腐霉利

其他名称　速克灵、二甲菌核利。

特点　属低毒杀菌剂，有内吸性，可以被叶、根吸收，耐雨水冲洗，持效期长，能阻止病斑发展，可用于防治园林植物上的灰霉病、菌核病等。

制剂　50%可湿性粉剂，20%、35%悬浮剂，15%烟剂，混配制剂有腐霉·福美双。

使用技术　防治油菜、番茄、黄瓜、向日葵菌核病亩用50%可湿性粉剂50克加水喷雾；防治玉米大斑病、小斑病、樱桃褐腐病亩用50%可湿性粉剂50~75克，加水75~100千克喷雾，间隔7~10天喷药1~2次；防治葡萄、番茄、桃、黄瓜、葱等灰霉病于发病初期亩用50%可湿性粉剂30~50克加水喷雾，1周以后再喷1次。

（八）嘧霉胺

其他名称　施佳乐。

特点　具有内吸传导和熏蒸作用，施药后迅速达到植株的花、幼果等喷雾无法达到的部位杀死病菌，药效快，稳定，药剂具有较好的保护和治疗效果，主要用于防治植物灰霉病。

制剂　20%、40%悬浮剂，20%、40%可湿性粉剂，混配制剂有嘧霉·百菌清、嘧胺·乙霉威、嘧霉·多菌灵等。

使用技术　防治黄瓜、番茄等的灰霉病，在发病前或初期，每亩用40%可湿性粉剂25~95克，加水800~1 200倍，亩用水量30~75千克，植株大，高药量高水量；植株小，低药量低水量，每隔7~10天用1次，共用2~3次。一个生长季节防治需用药4次以上，应与其他杀菌剂轮换使用，避免产生抗性，露地菜用药应选早晚风小、低温进行；防治葡萄灰霉病，喷40%悬浮剂或可湿性粉剂1 000~1 500倍液，当年生长季节需施药4次以上时，应与其他杀菌剂交替使用，避免产生耐药性。

注意事项　在不通风的温室或大棚中，如果用药剂量过高，可能导致部分植物叶片出现褐色斑点，因此请注意按照标签的推荐浓度使用，并建议施药后通风。

（九）霜霉威

其他名称　普力克、丙酰胺。

特点　该药剂是一种新型内吸杀菌剂，当用作土壤处理时，能很快被根吸收并上输到整个植株，当用作茎叶处理时，能很快被叶片吸收并分布在叶片中，对于防治霜霉病、腐霉病、疫病有特效，尤其对常用杀菌剂已产生抗药性的病菌有效，低毒，对天敌及有益生物无害。

制剂　50%热雾剂，66.5%、72.2%水剂，72.2%悬浮剂，30%高渗水剂。

使用技术　霜霉威可广泛适用于黄瓜、茄子、辣椒、莴苣、马铃薯等蔬菜及烟草、草莓、草坪、花卉等的卵菌纲真菌病害具有很好的防治效果，如霜霉病、疫病、猝倒病、晚疫病、黑胫病等，从病害发生前或发生初期开始喷药，7~10天1次，与其他不同类型杀菌剂交替使用。一般使用72.2%水剂600~800倍液或66.5%水剂500~700倍液或35%水剂300~400倍液，均匀喷雾。

防治苗床及苗期病害，播种前或播种后、移栽前或移栽后，每平方米使用 72. 2%水剂 5～7. 5 毫升或 66. 5%水剂 5. 5～8 毫升或 35%水剂 10～15 毫升，加水 2～3 升后浇灌。

注意事项　为预防和延缓病菌抗药性，注意应与其他农药交替使用，每季喷洒次数最多 3 次；配药时，按推荐药量加水后要搅拌均匀，若用于喷施，要确保药液量，保持土壤湿润。

（十）咪鲜胺

其他名称　施保克、扑霉灵。

特点　是一种高效、广谱杀菌剂，具有一定的传导性能和保护、铲除作用，对子囊菌和半知菌引起的多种病害防效好，且见效快、持效期长。

制剂　25%、45%乳油，45%水乳剂，50%可湿性粉剂，混配制剂有丙环·咪鲜胺、戊唑·咪鲜胺、咪鲜·异菌脲等。

使用技术　果树病害主要用于水果防腐保鲜。防治柑橘果实贮藏期的蒂腐病、青霉病、绿霉病、炭疽病，在采收后用 25%乳油 500～1 000 倍液浸果 2 分钟，捞起、晾干、贮藏；防治稻瘟病，亩用 25%乳油 60～100 毫升，加水喷雾；防治小麦赤霉病，亩用 25%乳油 53～67 毫升，加水常规喷雾，同时可兼治穗部和叶部的根腐病及叶部多种叶枯性病害；防治甜菜褐斑病，亩用 25%乳油 80 毫升，加水常规喷雾，隔 10 天喷 1 次，共喷 2～3 次；播前用 25%乳油 800～1 000 倍液浸种，在块根膨大期亩用 150 毫升对水喷 1 次，可增产增收。

注意事项　该药剂对水生动物有毒，施药时应远离鱼塘。

（十一）烯唑醇

其他名称　速保利、特普唑。

特点　具有保护、治疗和铲除作用，且有内吸向上传导作用，杀菌谱广，对子囊菌和担子菌所引起的白粉病、锈病、黑粉病、黑星病等有高效。

制剂　2%、12.5%可湿性粉剂，5%拌种剂，10%、12.5%、25%乳油，混配制剂有锰锌·烯唑醇、井冈·烯唑醇、烯唑·

三唑酮等。

使用技术 防治花卉、草坪草锈病，白绢病等用 12.5%可湿性粉剂稀释 3 000~4 000 倍液喷雾；防治梨黑腥病用 12.5%可湿性粉剂稀释 3 500~4 000倍液；防治小麦白粉病、水稻纹枯病12.5%可湿性粉剂稀释用量 32~64 克/亩。

注意事项 要严格掌握使用浓度，当单位面积上用药量偏大时，易对黄瓜、西葫芦生长产生抑制作用。

（十二）氟菌唑

其他名称 特富灵。

特点 具有内吸、治疗、保护作用的广谱性杀菌剂，可用于防治植物白粉病、锈病、炭疽病等多种病害。

制剂 30%可湿性粉剂。

使用技术 防治苹果腥病、白粉病用 30%可湿性粉剂2 000~3 000倍液喷雾；麦类白粉病、黑穗病、条斑病每100 千克种子用30%可湿性粉剂 1 500 克拌种或每亩用 30%可湿性粉剂200~300 克加水喷雾，间隔 7~10 天，施药 2~3 次；黄瓜白粉，发病初期第一次施药，间隔 10 天第 2 次施药，每亩用量 33.3~40 克/亩；防治水稻恶苗病用 30%可湿性粉剂 20~30 倍液浸种10 分钟，或用 200~300 倍液浸种 1~2 天，对小麦白粉病在发病初期 1 000~1 500倍液喷雾，隔 7~10 天再喷 1 次。

（十三）三唑酮

其他名称 粉锈宁，百里通。

特点 具有很强的内吸作用，对病害具有预防、铲除和治疗作用，除卵菌纲真菌外，对多数真菌均有作用，对白粉病、锈病有特效，对根腐病、叶枯病也有很好的防治效果。

制剂 15%可湿性粉剂，15%、20%乳油，15%烟雾剂等，混配制剂有多·酮、唑酮·氧乐果、咪鲜·三唑酮、硫黄·三唑酮等。

使用技术 三唑酮对多种作物由真菌引起的病害，如锈病、白粉病等有一定的治疗作用，可用作喷雾、拌种和土壤处理。防治黄瓜、西瓜、丝瓜白粉病、炭疽病，用15%可湿性粉剂1 000~1 200倍液喷雾，间隔15天1次，连喷3~4次；防治菜豆炭疽病、豌豆白粉病，连喷2~3次即可；防治温室、塑料棚等保护地设施内蔬菜白粉病，每立方米耕层土壤用15%可湿性粉剂12克拌和做栽培土，持效期可达2个月左右；防治豇豆锈病、豌豆白粉病、蚕豆锈病，用25%可湿性粉剂2 000~3 000倍液，每隔15~20天喷1次，连喷2~3次；防治番茄白绢病，用25%可湿性粉剂2 000倍液浇灌根部，每隔10~15天灌1次，连灌2次。

注意事项　粉锈宁持效期长，叶菜类应在收获前15~20天停止使用；使用浓度不能随意增大，以免发生药害，出现药害后常表现植株生长缓慢、叶片变小、颜色深绿或生长停滞等，遇到药害要停止用药，并加强肥水管理。

（十四）甲霜灵

其他名称　韩乐农、瑞毒霉、雷多米尔。

特点　是一种触杀、内吸性杀菌剂，具有保护、治疗作用，可被植物的根、茎、叶吸收，在植物体内能双向传导，可作茎叶处理、种子处理和土壤处理，对霜霉菌、腐霉菌、疫霉菌所引起的病害有特效。

制剂　25%可湿性粉剂，35%拌种剂，5%颗粒剂。

使用技术　防治黄瓜霜霉病和疫病，茄子、番茄及辣椒的棉疫病，十字花科蔬菜白锈病等，用25%可湿性粉剂750倍液，每隔10~14天喷1次，用药次数每季不得超过3次；谷子白发病的防治每100千克种子用35%拌种剂200~300克拌种，先用1%清水或米汤将种子湿润，再拌入药粉；烟草黑茎病的防治苗床在播种后2~3天，亩用25%可湿性粉剂133克，进行土壤处理，本田在移栽后第7天用药，亩用25%可湿性粉剂对水500倍喷雾；马铃薯晚疫病的防治在初见叶斑时，亩用25%可湿性粉剂500倍液喷雾，每隔10~14天喷1次，不得超过3次。

注意事项 单一长期使用该药，病菌易产生抗性。目前尚无特效解毒药，遵医嘱，对症下药。

（十五）百菌清

其他名称 达科宁。

特点 非内吸性广谱性杀菌剂，对多种植物真菌病害具有预防作用，但在植物已受到病菌侵染，病菌进入植物体内后，其杀菌作用很小，防效差，在植物表面有良好的黏着性，不易受雨水等冲洗，持效期长，对霜霉病、疫病、灰霉病、炭疽病及各种叶斑病有较好的防治效果。

制剂 40%、50%、60%、75%可湿性粉剂，40%悬浮剂，10%、20%、30%、40%烟剂，混配制剂有百·多·福、咪·酮·百菌清、烯酰·百菌清、嘧霉·百菌清等。

使用技术 防治蔬菜幼苗猝倒病，播前3天，用75%可湿性粉剂400~600倍液将整理好的苗床全面喷洒一遍，盖上塑料薄膜闷2天后，揭去薄膜晾晒苗床1天，准备播种。出苗后，当发现有少量猝倒时，拔除病苗，用75%可湿性粉剂400~600倍液泼浇病苗周围床土或喷到土面见水为止，再全苗床喷一遍。

防治苹果白粉病，于苹果开花前、后喷75%可湿性粉剂700倍液；防治苹果轮纹烂果病、炭疽病、褐斑病，从幼果期至8月中旬，15天左右喷1次75%可湿性粉剂600~700倍液，或与其他杀菌剂交替使用，但在苹果谢花20天内的幼果期不宜用药。

防治茶炭疽病、茶云纹叶枯病、茶饼病、茶红锈藻病，于发病初期喷5%可湿性粉剂600~1 000倍液。

注意事项 百菌清对鱼有毒，施药时须远离池塘、湖泊和溪流，清洗药具的药液不要污染水源。

（十六）甲基硫菌灵

其他名称 甲基托布津。

特点 该药剂是一种广谱性内吸性杀菌剂，具有预防和治疗作用，对蔬菜、禾谷类作物、果树上的多种病害有较好的防治作用。

制剂　50%、70%可湿性粉剂，40%悬浮剂等，混配制剂有烯唑·甲硫灵、甲硫·福美双、甲硫·锰锌等。

使用技术　防治黄瓜白粉病、炭疽病、茄子、葱头、芹菜、番茄、菜豆等灰霉病、炭疽病、菌核病、可用50%可湿性粉剂1 000~1 500倍液，在发病初期，每隔7~10天喷1次，连续喷3~4次；防治莴苣灰霉病、菌核病，可用50%可湿性粉剂700倍液喷雾。

花卉病害的防治，对大丽花花腐病、月季褐斑病、海棠灰斑病，君子兰叶斑病都有一定防效。一般在发病初期，每亩用50%可湿性粉剂83~125克，加水常规喷雾，共喷3~5次。

苹果轮纹病、炭疽病可用50%可湿性粉剂400~600倍液喷雾，每隔10天喷1次；葡萄褐斑病、炭疽病、灰霉病、桃褐腐病等，可用50%可湿性粉剂600~800倍液喷雾。

柑橘贮藏中的青霉、绿霉病，在柑橘采摘后立即用40%胶悬剂400~600倍液，浸果实2~3分钟，捞出晾干装筐。

（十七）嘧菌酯

其他名称　阿米西达。

特点　该药剂是甲氧基丙烯酸酯类杀菌农药，高效、广谱，对几乎所有的真菌界病害（如白粉病、锈病、颖枯病、网斑病、霜霉病、稻瘟病等）均有良好的活性，可用于茎叶喷雾、种子处理，也可进行土壤处理，主要用于谷物、水稻、花生、葡萄、马铃薯、果树、蔬菜、咖啡、草坪等。

制剂　50%水分散粒剂，25%悬浮剂，混配制剂有嘧菌·百菌清、苯甲·嘧菌酯等。

使用技术　在霜霉病、早疫病、炭疽病、叶斑病等病害发生初期施药，用25%悬浮剂1 000~1 500倍液进行茎叶喷雾，每隔10天喷1次，每季作物最多使用3次。

（十八）　三环唑

其他名称　克瘟唑、克瘟灵。

特点　具有较强的内吸性，能迅速被水稻根茎叶吸收，并输送到稻株各部，一般在喷洒后 2 小时稻株内吸收药量可达饱和，三环唑防病以预防保护作用为主，在发病前使用，效果最好。

制剂　20%、75%可湿性粉剂，混配制剂有硫黄·三环唑、异稻·三环唑。

使用技术　防治苗瘟，在秧苗 3~4 叶期或移栽前 5 天，亩用 20%可湿性粉剂 50~75 克，加水喷雾；防治叶瘟及穗颈瘟，在叶瘟初发病时或孕穗末期至始穗期，亩用 20%可湿性粉剂 75~100克加水喷雾，穗颈瘟严重时，间隔 10~14 天再施药 1 次。

注意事项　浸种或拌种对芽苗稍有抑制但不影响后期生长；防治穗茎瘟时，第一次用药必须在抽穗前；勿与种子、饲料、食物等混放，发生中毒用清水冲洗或催吐，目前尚无特效解毒药。

（十九）　盐酸吗啉胍

特点　广谱性病毒病防治制剂，喷施到植物叶面后，通过气孔进入植物体内，抑制或破坏核酸和脂蛋白的形成，对茄类、瓜类等病毒均有较好的抑制作用，对由飞虱传播为害引起的水稻条纹叶枯病防效显著，同时具有营养恢复及增产作用，低毒安全，环保型新农药，对人、畜低毒，对皮肤无刺激作用。

制剂　20%可湿性粉剂，20%悬浮剂，5%可溶性粉剂，混配制剂有吗胍·乙酸铜、锌铜·吗啉胍、辛菌·吗啉胍、氮苷·吗啉胍、羟烯·吗啉胍等。

使用技术　防治烟草病毒病，在发病初期，亩用 20%可湿性粉剂 150~200 克加水 50~70 千克喷雾。

（二十）　戊唑醇

其他名称　立克秀。

特点 是高效、广谱、内吸性三唑类杀菌农药，具有保护、治疗、铲除三大功能，杀菌谱广、持效期长，主要用于防治小麦、水稻、花生、蔬菜、香蕉、苹果、梨以及玉米、高粱等作物上的多种真菌病害，该品用于防治油菜菌核病，不仅防效好，而且具有抗倒伏作用，增产效果明显。

制剂 25%水乳剂，43%悬浮剂，25%乳油，6%悬浮种衣剂，2%湿拌种剂，混配制剂有戊唑·多菌灵、锰锌·戊唑醇等。

使用技术 小麦播种前每 100 千克种子用 2%湿拌种剂 100~150 克拌种，戊唑醇拌种对小麦出芽有抑制作用，一般比正常不拌种晚发芽 2~3 天，最多 3~5 天，对后期产量没有影响；防治玉米丝黑穗病于玉米播种前每 100 千克种子用 2%湿拌种剂 400~600 克拌种，充分拌匀后播种；防治高粱丝黑穗病于高粱播种前每 100 千克种子用 2%湿拌种剂 400~600 克拌种，充分拌匀后播种。

防治果树病害于发病初期用 43%悬浮剂 5 000~7 000 倍液喷雾。

（二十一）稻瘟灵

特点 高效内吸杀菌剂，主要防治稻瘟病，同时对水稻纹枯病、小球菌核病和白叶枯病有一定防效，属高效、低毒、低残留的有机硫杀菌剂，用于防治水稻稻颈瘟、稻叶瘟、稻苗瘟等。

制剂 30%、40%乳油，40%可湿性粉剂。

使用技术 在田间出现叶瘟发病中心或急性病斑时，亩用 40%可湿性粉剂 60~75 克，加水 30 千克喷雾，经常发生地区可在发病前 7~10 天，亩用 40%可湿性粉剂 60~100 克，加水 30 千克泼浇，安全间隔期为 15 天。

三、抗生素类杀菌剂

抗生素类杀菌剂来源于微生物产生的次级代谢产物及以产生的生物活性物质为样板，进行人工合成或结构改造，成为人液均匀喷雾；防治甘蔗害虫亩用 50%可溶性粉剂 100～125 克，加水 50 千克喷雾，或加水 300 千克淋浇蔗苗；防治果树害虫用 50%可溶性粉剂 1 000 倍液均匀喷雾；防治玉米螟亩用 50%可溶性粉剂 100 克，加水 100 千克喷雾或均匀灌在玉米心内。

注意事项　水稻扬花期或作物被雨露淋湿时不宜施药，喷药浓度高对水稻也会有药害，十字花科蔬菜幼苗对该药敏感，使用时小心。

（四）二酰胺类杀虫剂

1. 氯虫苯甲酰胺

特点　具有胃毒作用，渗透性强，杀虫谱广，持效性好，主要用于防治鳞翅目害虫，对鱼中等毒，对鸟和蜜蜂低毒，对家蚕剧毒。

制剂　5%、20%悬浮剂，35%水分散粒剂，混配制剂有氯虫·噻虫嗪、阿维·氯苯酰等。

使用技术　防治苹果树金蚊细蛾喷 35%水分散粒剂 17 500～25 000 倍液，桃小食心虫喷 7 000～10 000 倍液，在发蛾盛期和蛾产卵初期施药，间隔 14 天再喷 1 次。

注意事项　一季作物使用本剂不得超过 3 次，并注意与其他杀虫剂轮换使用。

2. 溴氰虫酰胺

其他名称　氰虫酰胺

特点　该药是杜邦公司继氯虫酰胺之后成功开发的第二代鱼尼丁受体抑制剂类杀虫剂，氰虫酰胺是通过改变苯环上的各种极性基团而成，更高效，适用作物更广泛，可有效防治鳞翅目、半翅目和鞘翅目害虫。

制剂　10%可分散油悬浮剂。

使用技术　用于防治大葱美洲斑潜蝇、甜菜夜蛾、蓟马和小白菜斜纹夜蛾、小菜蛾、黄条跳甲、蚜虫、菜青虫。防治大葱美洲斑潜蝇，亩用制剂 14～24 毫升；防治大葱、甜菜夜蛾，

2. 杀虫单

特点　具有较强的触杀、胃毒和内吸传导作用，对鳞翅目害虫的幼虫有较好的防治效果，属仿生型农药，对天敌影响小，无抗性，无残毒，不污染环境，是综合治理虫害较理想的药剂。

制剂　90%可湿性粉剂，3.6%颗粒剂，混配制剂有吡虫·杀虫单、高氯·杀虫单、杀单·毒死蜱等。

使用技术　该药剂能有效地防治水稻、蔬菜、小麦、玉米、茶叶、果树等作物上的多种害虫，在我国登记作物为水稻，用于防治螟虫，对鱼类低毒，但对蚕的毒性大。防治甘蔗螟虫亩用90%可湿性粉剂160克，于根区施药，保持蔗田湿润以利药剂被吸收发挥，安全间隔期至少28天；防治水稻二化螟、三化螟、稻纵卷叶螟、稻蓟马、飞虱、叶蝉，亩用90%可湿性粉剂50~60克加水均匀喷雾，持效期7~10天；防治菜青虫、小菜蛾等，亩用90%可湿性粉剂35~50克加水均匀喷雾。

注意事项　本品对家蚕剧毒，使用时应特别小心，防止污染桑叶及蚕具等；杀虫单对棉花、某些豆类敏感，不能在此类作物上使用。

3. 杀螟丹

其他名称　巴丹、派丹。

特点　具有触杀和胃毒作用，用于防治水稻、十字花科蔬菜、柑橘、甘蔗和茶树的鳞翅目和同翅目害虫，在正常条件下对眼睛和皮肤无过敏反应，未见致癌、致畸、致突变作用，对鱼有毒，对蜜蜂和家蚕有毒，对鸟类低毒，对蜘蛛等天敌无毒。

制剂　50%、98%可溶性粉剂，4%颗粒剂。

使用技术　防治水稻二化螟、三化螟亩用50%可溶性粉剂75~100克，加水40~50千克喷雾；稻纵卷叶螟、稻苞虫亩用50%可溶性粉剂100~150克，加水50~60千克喷雾；防治蔬菜害虫小菜蛾、菜青虫亩用50%可溶性粉剂25~50克，加水50~60千克喷雾；防治茶树害虫用50%可溶性粉剂1 000~2 000倍工半合成的产物。这类杀菌剂大部分具有内吸性能、高效、选择性强、有治疗和保护作用、生物降解快，无公害，对人、畜安全等优点，但药效不稳定，成本高，持效期短（易被土壤微生物及紫外线分解）、抗药性菌株易出现（高度选择性所致）等缺点。

（一）春雷霉素

其他名称　春日酶素、加收米。

特点　是小金色纺线菌产生的水溶性抗生素，对人、畜、家禽、鱼虾类、蚕等均为低毒，具有较强的内吸性，对病害有预防和治疗作用。

制剂　2%水剂，2%、4%、6%可湿性粉剂，0.4%粉剂等。

使用技术　主要用于防治黄瓜的炭疽病、细菌性角斑病、枯萎病，番茄的叶霉病。对黄瓜的炭疽病、细菌性角斑病，用2%水剂350~700倍液喷施；对番茄叶霉病，用2%水剂500~1 000倍液喷施；对黄瓜枯萎病，应于发病前或发病初用2%水剂50~100倍液灌根、喷根茎或喷洒病部。

注意事项　药剂应存放在阴凉处；稀释的药液应一次用完，如果搁置易污染失效；不能与碱性农药混用；要避免长期连续使用春雷霉素，否则易产生抗药性。

（二）多抗霉素

其他名称　多氧霉素、宝丽安。

特点　是一种广谱性抗生素杀菌剂，具有较好的内吸传导作用。其作用机制是干扰病菌细胞壁几丁质的生物合成，可抑制病菌产孢和病斑扩大。可用于防治叶斑病、白粉病、霜霉病、枯萎病等多种病害，且对植物安全。

制剂　1.5%、3%、10%可湿性粉剂，1%、1.5%、3%水剂，混配制剂有多抗·福美双、多抗·锰锌等。

使用技术　在蔬菜上应用，主要防治瓜类、番茄白粉病、灰霉病，丝核菌引起的叶菜和其他蔬菜的糜烂、猝倒病，以及黄瓜的霜霉病和番茄的晚疫病。用 2% 可湿性粉剂 100~200 倍液喷洒。

（三）木霉菌

其他名称 特立克。

特点 具有多重杀菌、抑菌功效，杀菌谱广，可防治猝倒、立枯、根腐、白绢、疫病、叶霉、灰霉等多种病害，且病菌不易产生抗性，主要作用机制是以绿色木霉菌通过重复寄生和营养竞争和裂解酶的作用杀灭病原菌，属微生物体农药。

制剂 1.5 亿个活孢子/克、2 亿个活孢子/克可湿性粉剂，2 亿个活孢子/克、1 亿个活孢子/克水分散粒剂。

使用技术 防治黄瓜、大白菜霜霉病，于发病初开始施药，亩用 1.5 亿个活孢子/克可湿性粉剂 200~300 克，对水 60 千克喷雾，7 天喷一次，连喷 3 次；防治油菜霜霉病和菌核病，亩用 1.5 亿个活孢子/克可湿性粉剂 200~300 克，对水 15 千克喷雾，7 天喷 1 次；防治小麦纹枯病，每 100 千克种子用 1 亿个活孢子/克水分散粒剂 2.5~5 千克拌种或亩用 1 亿个活孢子/克水分散粒剂 50~100 克，对水顺垄灌根 2 次。

注意事项 应避免阳光和紫外线直射。露天使用时，最好于阴天或 16 时以后作业。

（四）井冈霉素

其他名称 有效霉素。

特点 具有极强的内吸性，也有治疗作用，可用于防治多种植物病害，对高等动物低毒，残效期为 15~20 天。

制剂 5%、10%、15%、20% 可溶性粉剂，3%、5%、10% 水剂。

使用技术 在蔬菜上应用，主要用于防治苗期立枯病和白绢病。对苗期立枯病，用 5% 水剂 500~1 000 倍液浇灌；对白绢病，用 10% 水剂 1 000 倍液喷施。

注意事项 井冈霉素水剂中含有葡萄糖、氨基酸等适于微生物生长的营养物质，贮放时要注意防霉、防高温、防日晒，并要保持容器密封。

（五）农抗120

其他名称 抗菌霉素120、120农用抗菌霉素。

特点 是刺孢吸水链霉素菌产生的水溶性抗生素，是一种广谱性抗生素，对人、畜低毒。

制剂 2%水剂。

使用技术 主要用于防治蔬菜、果树、花卉等作物的白粉病，对瓜果的炭疽病、番茄的疫病也有一定效果，一般使用浓度为2%水剂100~200倍液喷雾。

（六）宁南霉素

其他名称 菌克毒克。

特点 为广谱抗生素杀菌剂，能防治多种真菌和细菌病害，也是我国研制的第一个能防治植物病毒病的抗生素，对人、畜低毒，无致癌、致畸、致突变作用，不污染环境。

制剂 2%、8%水剂，10%可溶性粉剂。

使用技术 可有效防治水稻条纹叶枯病、黑条矮缩病、烟草花叶病等多种作物的病毒病，根腐病、立枯病、斑点落叶病、白粉病等真菌病害及水稻白叶枯病、白菜软腐病等细菌病害。一般用2%水剂稀释200~300倍液喷雾。

注意事项 该剂不可与碱性农药混用，但可与植物生长调节剂、叶面肥等混用。

第四节 除草剂

一、旱田除草剂

芽前除草剂有乙草胺、甲草胺、异丙草胺、异丙甲草胺、精异丙甲草胺、二甲戊灵、仲丁灵、氟乐灵、敌草胺、氯嘧磺隆、甲磺隆、苯磺隆、噻磺隆、啶嘧磺隆、异恶草松、咪唑乙烟酸、莠去津、丙炔氟草胺、乙氧氟草醚、嗪草酮等。

（一）甲草胺

其他名称　拉索、澳特拉索、草不绿。

特点　是一种选择性芽前除草剂，适用于大豆、玉米、花生、棉花、马铃薯、甘蔗、油菜等作物田，防除稗草、马唐、蟋蟀草、狗尾草、秋稗、臂形草、马齿苋、苋、轮生粟米草、藜、蓼等1年生禾本科杂草和阔叶杂草，对菟丝子也有一定防效。

制剂　43%、48%乳油，15%颗粒剂。

使用技术　在玉米、棉花、花生地上使用一般于播后出苗前，亩用48%乳油200~250毫升，加水35千克左右，均匀喷雾土表；在大豆田使用，于播后出苗前亩用48%乳油200~300毫升，加水35千克，均匀喷雾土表，用于防除大豆菟丝子，一般在大豆出苗前后，菟丝子缠绕的大豆茎叶，能较好地防除菟丝子，对大豆安全；用于番茄、辣椒、洋葱、萝卜等蔬菜田除草在播种前或移栽前，亩用43%乳油200毫升，加水40~50千克，均匀喷雾土表，用耙浅混土后播种或移栽，若施药后覆盖地膜，则用药量应适当减少1/3~1/2。

注意事项　甲草胺水溶性差，如遇干旱天气又无灌溉条件，应采用播前混土法，否则药效难于发挥；甲草胺对已出土杂草无效，应注意在杂草种子萌动高峰而又未出土前喷药，方能获得最大药效。

（二）异丙甲草胺

其他名称　都尔、稻乐思。

特点　属酰胺类选择性芽前土壤处理剂，主要通过幼芽吸收，而且禾本科杂草幼芽吸收能力比阔叶杂草强，可防除稗草、马唐、狗尾草、牛筋草、马齿苋、苋、藜、反枝苋、碎米莎草、油莎草等杂草，但对铁苋菜防效差，对人、畜、鸟类低毒。

制剂　70%、72%、96%乳油。

使用技术　可防除稗、马唐、狗尾草、画眉草等一年生杂草及马齿苋、苋、藜等阔叶性杂草，适用于马铃薯、十字花科、西瓜和茄科蔬菜等菜田除草。直播甜椒、甘蓝、大萝卜、小萝卜、大白菜、小白菜、油菜、西瓜、育苗花椰菜等菜田除草，于播种后至出苗前，亩用72%乳油100克，加水喷雾处理土壤；移栽蔬菜田，如甘蓝、花椰菜、甜（辣）椒等，于移栽缓苗后，亩用72%乳油100克，对水定向喷雾，处理土壤。

注意事项　异丙甲草胺不适用于多雨地区和有机质含量低于1%的沙土，而土壤湿度适宜有利于药效的发挥，如遇干旱，药效降低。

（三）二甲戊乐灵

其他名称　施田补、二甲戊灵、除草通。

特点　属于一种优秀的旱田作物选择性除草剂，可以广泛应用于棉花、玉米、直播旱稻、大豆、花生、马铃薯、大蒜、甘蓝、白菜、韭菜、葱、姜等多种作物田除草。

制剂　30%、33%乳油，45%微胶囊剂，混配制剂有甲戊·乙草胺、甲戊·莠去津、苄嘧·二甲戊等。

使用技术　旱稻，水稻旱育秧田亩用33%乳油150~200毫升，加水15~20千克，播种后出苗前表土喷雾；棉花亩用33%乳油150~200毫升，对水15~20千克，播种前或播种后出苗前表土喷雾，因北方棉区天气干旱，为了保证除草效果，施药后需混土3~5厘米；在烟草全田烟株50%以上中心花开放时进行打顶，并摘除长于2厘米的腋芽，打顶后24小时内用杯淋法施药。每株用稀释80~100倍液后的药液15~20毫升从烟株顶部淋下，施药1次，确保每个腋芽处能接触药液，也可以用于烟草田杂草处理。

注意事项　本品在土壤中的吸附性强，不会被淋溶到土壤深层，施药后遇雨不仅不会影响除草效果，而且可以提高除草效果，不必重喷。

（四）氟乐灵

其他名称　特福力、氟特利。

特点　是一种选择性、触杀型、芽前土壤处理低毒除草剂，可防除 1 年生禾本科以及种子繁殖的多年生杂草和某些阔叶杂草，容易被土壤吸附固定，残效期较长，毒性低，主要用于苗圃防除稗草、马唐、牛筋草、千金子、狗尾草、大画眉草、早熟禾、雀麦、马齿苋、藜、扁蓄、繁缕、猪毛菜、蒺藜草、野燕麦等。

制剂　48%乳油。

使用技术　在杂草出土前，亩用 100～150 毫升加水 50～60 千克均匀喷于土壤表面，施药后立即耕耘与土混匀。土壤湿度适宜有利于药效的发挥，如遇干旱，药效降低，由于易挥发和光解，施药后要及时混土。

（五）苯黄隆

其他名称　巨星、阔叶净、麦黄隆。

特点　选择性内吸传导型除草剂，可由植物的根、茎、叶吸收，并在体内传导，用于防除禾本科草坪中的双子叶杂草，如马齿苋、雀舌草、播娘蒿、苍耳、反枝苋、刺儿菜、苦荬菜、荠菜、藜、蓼等，对小蓟、田旋花、鸭跖草、铁苋菜效果较差，对禾本科植物安全，对人、畜低毒。

制剂　75%水分散剂，10%、75%可湿性粉剂，20%可溶性粉剂。

使用技术　小麦 2 叶期至拔节期，杂草苗前或苗后早期施药，一般亩用 10%可湿性粉剂 10～20 克，加水量 15～30 千克，均匀喷雾杂草茎叶，杂草较小时，低剂量即可取得较好的防效，杂草较大时，应用高剂量。

（六）莠去津

其他名称　阿特拉津。

特点　是内吸选择性苗前、苗后除草剂，以根吸收为主，茎叶吸收很少，易被雨水淋洗至土壤深层，对某些深根草亦有效，但易产生药害。在土壤中可被微生物分解，适用于苗圃、林地防除马唐、稗草、狗尾草、莎草、看麦娘、蓼、藜、十字花科、豆科杂草，对某些多年生杂草也有一定抑制作用，微溶于水，对人、畜低毒。

制剂 90%水分散粒剂、40%悬浮剂、50%可湿性粉剂，常与甲草胺、丁草胺、草净津、伏草隆、乙草胺等混用。

使用技术 甘蔗田使用于甘蔗下种后5~7天，杂草部分出土，亩用50%可湿性粉剂或40%悬浮剂200~250克，加水30千克，对地表均匀喷雾；茶园、果园、葡萄园使用4—5月田间杂草萌发高峰期，先将已出土大草和越冬杂草铲除，然后每亩用40%悬浮剂250~300克，加水40千克均匀喷雾土表；玉米在播种后1~3天，加水30千克均匀喷雾土表。

注意事项 莠去津持效期长，对后茬敏感作物小麦、大豆、水稻等有害，持效期达2~3个月，可通过减少用药量，与其他除草剂如烟嘧磺隆或甲基磺草酮等混用解决；桃树对莠去津敏感，不宜在桃园使用；玉米套种豆类不能使用；土表处理时，要求施药前，地要整平整细。

（七）乙氧氟草醚

其他名称 果尔、割地草。

特点 选择性芽前或芽后除草剂，主要通过胚芽鞘、中胚轴进入植物体内，经根部吸收较少，并有极微量通过根部向上运输进入叶部，主要用于林地、针叶苗圃防除稗草、牛毛草、鸭舌草、狗尾草、藜、蓼、龙葵、苘麻、豚草、苍耳、牵牛花等1年生单、双子叶杂草，而对瓜皮草、双穗雀稗、扁秆良草、水花生、香附子等多年生杂草无效。

制剂 23.5%、24%乳油，2%颗粒剂，混配制剂有氧氟·乙草胺、氧氟·草甘膦等。

使用技术 大蒜播种后至立针期或大蒜苗后2叶1心期以后、杂草4叶期以前施药，亩用20%乳油60~70毫升，加水20~30千克均匀喷雾；直播田在洋葱2~3叶期施药，亩用20%乳油50~60毫升，加水30~45千克均匀喷雾；花生播种后苗前施药，亩用20%乳油50~70毫升，加水30~45千克均匀喷雾；玉米播后苗前施药，亩用20%乳油40~50毫升，加水30千克均匀喷雾；瓜果类蔬菜整地就绪后移栽前土壤用药，而后定植，亩用20%乳油70~90毫升，加水30~40千克均匀喷雾。

注意事项　大白菜、荠菜、花椰菜、甘蓝、芹菜、莴苣、茼蒿、菠菜、蘸菜、苋菜、芜菁等蔬菜上不提倡使用乙氧氟草醚；该剂用量少，活性高，对水稻、大豆易产生药害。

芽后除草剂，防除禾本科杂草有烯禾啶、精吡氟禾草灵、精喹禾灵、高效氟吡甲禾灵、烯草酮、烟嘧磺隆、精恶唑禾草灵、草甘膦、百草枯；防除阔叶杂草有三氟羧草醚、氟磺胺草醚、乙羧氟草醚、灭草松、2,4-D丁酯、2甲4氯钠、氟烯草酸、麦草畏等。

（八）精吡氟禾草灵

其他名称　精稳杀得、氟草除、吡氟丁禾灵。

特点　属苯氧羧酸类、内吸传导、选择性、茎叶处理剂，可用于阔叶树苗圃，防除马唐、狗尾草、稗草、牛筋草、看麦娘、狗牙根等一年生和多年生禾本科杂草。

制剂　15%乳油。

使用技术　苗后防治油菜籽、糖甜菜、饲用甜菜、马铃薯、蔬菜、棉花、大豆、梨果、核果、灌木浆果、柑橘类水果、凤梨、香蕉、草莓、向日葵、紫花苜蓿、观赏植物和其他阔叶作物田的野燕麦、野生谷类、一年生和多年生杂草。防治2~3叶期一年生禾本科杂草，每公顷用15%乳油500~750毫升；防治4~5叶期，每公顷用750~1 000毫升；防治5~6叶期，每公顷用1 000~1 200毫升。杂草叶龄小用低药量，叶龄大用高药量；在水分条件好的情况下用低药量，在干旱条件下用高药量。防治多年生禾本科杂草，如狗牙根、匍匐冰草、双穗雀稗、假高粱、芦苇，每公顷用2.0升。

（九）精喹禾灵

其他名称　精禾草克。

特点 是一种高度选择性的新型旱田茎叶处理剂，在禾本科杂草和双子叶作物间有高度的选择性，对阔叶作物田的禾本科杂草有很好的防效，精禾草克作用速度更快，药效更加稳定，不易受雨水气温及湿度等环境条件的影响，适用于阔叶草坪田。

制剂 5%、10.8%乳油，60%水分散粒剂。

使用技术 防治一年生禾本科杂草每亩地用5%乳油50～70毫升加水30～40千克均匀茎叶喷雾处理，土壤水分空气湿度较高时，有利于杂草对精禾草克的吸收和传导。

（十） 烟嘧磺隆

其他名称 玉农乐、烟磺隆。

特点 是内吸性除草剂，可为杂草茎叶和根部吸收，随后在植物体内传导，造成敏感植物生长停滞、茎叶褪绿，逐渐枯死，在芽后4叶期以前施药药效好，苗大时施药药效下降，该药具有芽前除草活性，但活性较芽后低，可以防除一年生和多年生禾本科杂草、部分阔叶杂草。

制剂 4%悬浮剂，40%可分散油悬浮剂，75%水分散剂，10%可湿性粉剂，混配制剂有烟嘧·莠去津。

使用技术 玉米3～4叶期，杂草出齐且多为5厘米左右株高，茎叶喷雾，亩用4%悬浮剂50～75毫升（夏玉米）、65～100毫升（北方春玉米），对水30千克喷施。

注意事项 施药后观察，玉米叶片有轻度褪绿黄斑，但能很快恢复；玉米在2叶期以下、5叶期以上较为敏感，易发生药害；施药时气温在20℃左右，空气湿度在60%以上，施药后12小时内无降雨，有利于药效的发挥。

（十一） 精恶唑禾草灵

其他名称 骠马、威霸。

特点 药剂通过茎叶吸收传导至分生组织及根的生长点，作用迅速，施药后2～3天停止生长，5～6天心叶失绿变紫色，分生组织变褐色，叶片逐渐枯死，是选择性极强的茎叶处理剂，主要用于防除野燕麦、看麦娘、狗尾草、燕麦、黑麦草、早熟禾、稗草、自生玉米、马唐等。

制剂 6.9%、7.5%水乳剂，7.5%、12%、10%乳油。

使用技术 大豆田在大豆 2~3 片复叶、禾本科杂草 2 叶期至分蘖期，亩用 6.9%水乳剂 50~70 毫升，加水 20~30 升喷雾；花生田在花生 2~3 叶期，禾本科杂草 3~5 叶期，亩用 6.9%水乳剂 45~60 毫升，加水 20~30 升，茎叶喷雾处理；油菜田施药时期为油菜 3~6 叶期，一年生禾本科杂草 3~5 叶期，冬油菜亩用 6.9%水乳剂 40~50 毫升，春油菜亩用 50~60 毫升，加水喷雾；防除一年生禾本科杂草，亩用 6.9%水乳剂 40~50 毫升做茎叶喷雾处理；春小麦田防除野燕麦为主的禾本科杂草，于春小麦 3 叶期至分蘖期，亩用 6.9%水乳剂 50~80 毫升，加水喷雾。

（十二）草甘膦

其他名称 农民乐、农达、镇草宁。

特点 灭生性除草剂，对植物没有选择性，几乎所有绿色植物，不论是作物还是杂草，着药后都会被杀伤，农田施用后，良莠不分，作物与杂草都被杀死。在作物的生长期内不能使用草甘膦除草，可以利用草甘膦在土壤中很快失去毒杀作用的特点，在前茬作物收割后与后茬作物种植前的一段时间内使用草甘膦除草。

制剂 10%、30%、41%水剂，30%、50%、65%、70%可溶性粉剂，74.7%、88.8%可溶性粒剂。

使用技术 草甘膦接触绿色组织后才有杀伤作用，由于各种杂草对草甘膦的敏感度不同，因而用药量也不同。果园、桑园等除草亩用 10%水剂 0.5~1 千克，防除多年生杂草每亩用 10%水剂 1~1.5 千克加水 20~30 千克，对杂草茎叶定向喷雾；农田倒茬播种前防除田间已生长杂草，用药量可参照果园除草；棉花生长期用药，需采用带罩喷雾定向喷雾，每亩用 10%水剂 0.5~0.75 千克加水 20~30 千克；休闲地、田边、路边除草于杂草 4~6 叶期，亩用 10%水剂 0.5~1 千克，加柴油 100 毫升，加水 20~30 千克，对杂草喷雾；对于一些恶性杂草，如香附子、芦苇等，可每亩地按照 200 克加入助剂，除草效果好。

注意事项　草甘膦为灭生性除草剂，施药时切忌污染作物，以免造成药害；对多年生恶性杂草，如白茅、香附子等，在第一次用药后 1 个月再施 1 次药，才能达到理想防治效果；在药液中加适量柴油或洗衣粉，可提高药效。

（十三）百草枯

其他名称　克芜踪、对草快、百朵。

特点　是一种速效触杀型灭生性除草剂，对单、双子叶植物的绿色组织均有很强的破坏作用，但无传导作用，只能使着药部位受害，一经与土壤接触，即被吸附钝化，不能损坏植物的根部和土壤内潜藏的种子，因而施药后杂草有再生现象。

制剂　20%、25%水剂。

使用技术　20%水剂为黑灰色水溶性液体。在杂草出齐，处于生长旺盛期，亩用 20%水剂 100~200 毫升加水 25 千克均匀喷雾杂草茎叶，当杂草长到 30 厘米以上时用药量要加倍，喷雾时要均匀周到。

（十四）2,4-D 丁酯

特点　具有较强的内吸传导性，药效高，在很低浓度下即能抑制植物正常生长发育，出现畸形，直至死亡，主要用于苗后茎叶处理，展着性好，渗透性强，易进入植物体内，不易被雨水冲刷，对双子叶杂草敏感，对禾谷类作物安全。

制剂　57%、72%乳油，混配制剂有滴丁·乙草胺、乙·噻·滴丁酯、丙·莠·滴丁酯等。

使用技术　冬小麦、大麦田使用，适用时期为分蘖末期，阔叶草 3~5 叶期，亩用 72%乳油 50~100 毫升，加水 30~40 千克稀释喷雾；春小麦、大麦（青稞）田使用适用时期为作物 4~5 叶至分蘖盛期，用药量同冬小麦；玉米、高粱田使用于播种后 3~5 天，在出苗前亩用 72%乳油 50~100 毫升，加水 35 千克左右均匀喷施土表和已出土杂草，也可于玉米、高粱出苗后 4~5 叶期，亩用 72%乳油 40~65 毫升，加水 35 千克左右，对杂草茎叶喷雾；谷子田使用适用时期于谷苗 4~6 叶期，亩用 72%乳油 30~50 毫升，加水 15~20 千克，对杂草茎叶喷雾；稻田使用适用期为水稻分蘖期末期，亩用 72%乳油 35~50 毫升，加水 30 千克喷雾使用，喷药前一天晚排干水层，施药后隔天上水，以后正常管理；甘蔗田使用适用期为甘蔗萌发出苗前，亩用 72%乳油 150~200 毫升，加水 30 千克喷雾；牧场使用亩用 72%乳油 150~200 毫升，加水 25~50 千克喷雾。

注意事项　2,4-D 丁酯丁酯对棉花、大豆、油菜、向日葵、瓜类等双子叶作物十分敏感，喷雾时一定在无风或微风天气进行，切勿喷到或飘移到敏感作物中去，以免发生药害，不能在套有敏感作物田中使用 2,4-D 丁酯；严格掌握施药时期和使用量，麦类和水稻在 4 叶期前及拔节后对 2,4-D 丁酯敏感，不宜使用；喷雾器最好专用，以免喷其他农药出现药害，如不能专用，喷过 2,4-D 丁酯敏感，不宜使用。

（十五）2 甲 4 氯钠

特点　属于选择性内吸传导性茎叶处理的除草剂，可被植物根茎叶吸收并传导，对禾本科作物安全，对阔叶作物敏感，可有效地防除阔叶杂草和莎草科杂草。适用于水稻、麦类、玉米等禾本科作物田防除阔叶杂草和莎草科杂草。

制剂　70%、56%可溶性粉剂，20%水剂，混配制剂有 2 甲·氯氟吡、2 甲·草甘膦等。

使用技术　小麦分蘖末期至拔节前，亩用 20%水剂 250~300 毫升，加水 25~35 千克喷雾，可防除大多数 1 年生阔叶杂草，玉米播后苗前，亩用 20%水剂 100 毫升，加水进行土表喷雾，除草效果也很好。

（十六）麦草畏

其他名称　百草敌、麦草威。

特点　具有内吸传导作用，对一年生和多年生阔叶杂草有显著防除效果，用于防除芦笋、玉米、高粱、小麦、甘蔗等作物田中一年生和多年生阔叶杂草，也用于防除耕作区的木本灌木丛。

制剂　48%水剂，混配制剂有麦畏·草甘膦、滴钠·麦草畏、麦畏·甲磺隆等。

使用技术　麦草畏用于苗后喷雾，药剂能很快被杂草的叶、茎、根吸收，通过韧皮部向上、下传导，多集中在分生组织及代谢活动旺盛的部位，阻碍植物激素的正常活动，从而使其死亡。禾本科植物吸收药剂后能很快地进行代谢分解使之失效，故表现较强的抗药性。对小麦、玉米、谷子、水稻等禾本科作物比较安全，麦草畏在土壤中经微生物较快分解后消失，用后一般24小时阔叶杂草即会出现畸形卷曲症状，15～20天死亡。一年及多年生阔叶杂草，如猪殃殃、荞麦蔓、藜、播娘蒿、田旋花、荠菜等多种阔叶杂草，亩用48%水剂15～25毫升，在小麦3~5叶期均匀喷施。

注意事项　小麦3叶期以前拔节以后禁止使用麦草畏；大风天不宜喷施麦草畏，以防随风飘移到邻近的阔叶作物上，伤害阔叶作物；麦草畏的有效成分，主要通过茎叶吸收，根系吸收很少，所以喷雾时要均匀周到，防止漏喷和重喷；麦草畏在正常施用后，出现小麦匍匐、倾斜或弯曲现象，一般经1周后即可恢复正常。

二、水田除草剂

芽前除草剂有丁草胺、丙草胺、莎稗磷、乙草胺、甲草胺、苯噻酰草胺、吡嘧磺隆、苄嘧磺隆、环丙嘧磺隆、乙氧磺隆、恶草酮、丙炔恶草酮、禾草敌、敌稗、氰氟草酯、嘧腚肟草醚等。

（一）丙草胺

其他名称　扫弗特。

特点　是高选择性的水稻田专用除草剂，为保证早期用药安全，丙草胺常加入安全剂解草啶使用，适用于水稻防除稗草、光头稗、千金子、牛筋草、牛毛毡、窄叶泽泻、水苋菜、异型荷草、碎米莎草、丁香蓼、鸭舌草等1年生禾本科和阔叶杂草。

制剂　50%水乳剂，50%、30%乳油。

使用技术　在水稻直播田和秧田使用，先整好地，然后催芽播种，播种后2~4天，灌浅水层，亩用30%乳油100~115毫升，加水30千克喷雾，保持水层3~4天。

（二）吡嘧磺隆

其他名称　草克星、水星、韩乐星。

特点　为选择性内吸传导型除草剂，主要通过根系被吸收，在杂草植株体内迅速转移，抑制生长，杂草逐渐死亡，水稻能分解该药剂，对水稻生长几乎没有影响，药效稳定，安全性高，持效期25~35天。

制剂　10%可湿性粉剂，可与丁草胺、丙草胺等复配。

使用技术　于水稻秧田、直播田、移栽田，可以防除一年生和多年生阔叶杂草和莎草科杂草，如异性莎草、水莎草、萤蔺、鸭舌草、水芹、节节菜、野慈姑、眼子菜、青萍、鳢肠，对稗草、千金子无效。一般在水稻1~3叶期使用，亩用10%可湿性粉剂15~30克拌毒土撒施，也可对水喷雾，药后保持水层3~5天，移栽田，在插后3~20天用药，药后保水5~7天。

注意事项　对水稻安全性好，但晚稻品种（粳、糯稻）相对敏感，应尽量避免在晚稻芽期施用，否则易产生药害。

（三）苄嘧磺隆

其他名称　农得时、稻无草、便农。

特点　选择性内吸传导型除草剂，药剂在水中迅速扩散，经杂草根部和叶片吸收后转移到其他部位，阻碍支链氨基酸生物合成，能有效防治稻田1年生及多年生阔叶杂草和莎草，对水稻安全，使用方法灵活。

制剂　10%、30%可湿性粉剂，混配制剂有苄嘧·苯噻酰、苄·二氯、苄嘧·丙草胺、苯·苄·乙草胺等。

使用技术　适用于稻田防除 1 年生及多年生阔叶杂草和莎草，在作物芽后，杂草芽前及芽后施药，对鸭舌草、眼子菜、节节菜等及莎科杂草（牛毛草、异型莎草、水莎草等）效果良好。

水稻秧田和直播田，播种后至杂草 2 叶期以内均可施药，防除 1 年生阔叶杂草和莎草，亩用 10%可湿性粉剂 20～30 克，加水 30 千克喷雾或混细潮土 20 千克撒施，施药时保持水层 3～5 厘米，持续 3～4 天；水稻移栽田，移栽前后 3 周均可使用，但以插秧后 5～7 天施药为佳，亩用 10%可湿性粉剂 20～30 克，防除多年生杂草并兼除稗草，药量可提高到 30～50 克，保水层 5 厘米施药，可加水喷雾，亦可混细土撒施，保持水层 3～4 天，自然落干。

芽后除草剂有二氯喹啉酸、西草净、扑草净、灭草松、2 甲 4 氯钠、氰氟草酯、禾草丹、嘧啶肟草醚、五氟磺草胺、精恶唑禾草灵等。

（四）氰氟草酯

其他名称　千金。

特点　属芳氧基苯氧基丙酸类水稻田选择性茎叶处理除草剂，芽前处理无效，对莎草科杂草和阔叶杂草无效，主要防除稗草、千金子等禾本科杂草。

制剂　10%、15%、100 克/升乳油，国外剂型有 10%水乳剂、10%微乳剂。

使用技术　主要用于防除重要的禾本科杂草，对千金子高效，对低龄稗草有一定的防效，还可防除、马唐、双穗雀稗、狗尾草、牛筋草、看麦娘等，对莎草科杂草和阔叶杂草无效。防治千金子在 2～3 叶期时亩用药 60～100 毫升，在 3～5 叶期时每亩用药 100～150 毫升，在 5 叶期以上时每亩用药 150～200 毫升，高浓度细喷雾，每亩用水量 30～40 千克，药液中加入有机硅助剂有利于提高防效。施药时土表水层应小于 1 厘米或排干（保持土壤水分处于饱和状态，使杂草生长旺盛，保证防效），施药后 24 小时灌水，防止新的杂草萌发。

（五）嘧腚肟草醚

其他名称　韩乐天。

特点　属于水田广谱性触杀和内吸作用的茎叶处理除草剂，对水稻移栽田、直播田的稗草、一年生莎草及阔叶杂草有较好的防除效果。

制剂　1%、5%乳油。

使用技术　防除水稻田的杂草亩用 1%乳油 200~250 毫升，5%乳油 40~50 毫升，加水 30 升，喷雾前将稻田中水排干，施药后 1~2 天复水 5~7 厘米，保水一周，该药剂施用一周内，水稻略有发黄现象，一周后恢复，不影响产量。

第五节　植物生长调节剂

植物生长调节剂，是用于调节植物生长发育的一类农药，包括人工合成的具有天然植物激素相似作用的化合物和从生物中提取的天然植物激素。

一、植物生长促进剂

植物生长促进剂是指具有促进植物细胞分裂、分化和延长作用的生长调节剂，可以促进植物营养器官的生长和生殖器官的发育。生长素类、赤霉素类等都是植物生长促进剂。

（一）萘乙酸

其他名称　α-萘乙酸、NAA。

特点　是广谱型植物生长调节剂，能促进细胞分裂与扩大，诱导形成不定根增加坐果，防止落果，改变雌、雄花比率等，适用于谷类作物，增加分蘖，提高成穗率和千粒重；棉花减少蕾铃脱落，增桃增重，提高质量；果树促开花，防落果、催熟增产；瓜果类蔬菜防止落花，形成小籽果实；促进扦插枝条生根等。

制剂 1%、20%、40%可溶性粉剂，0.1%、1%、5%水剂，1%水乳剂，2.5%水乳剂，混配制剂有硝钠·萘乙酸、萘乙·乙烯利、吲丁·萘乙酸等。

使用技术 小麦在播种前，用40毫克/千克药液浸种6小时，可提高其抗寒、抗旱、抗盐碱能力，促进其发根分蘖；在小麦返青期用10~30毫克/千克药液喷洒，可提高有效分蘖率；在小麦拔节期用20~50毫克/千克药液喷洒，可促进其增穗增粒；在小麦灌浆期用20毫克/千克药液喷洒，可使其籽粒饱满，粒重增加；在番茄、黄瓜、茄子花期用10~30毫克/千克药液喷洒，可使植株生长旺盛，提高产量，改善品质；在一些花卉和果树的扦插繁殖中，用50毫克/千克药液浸泡插条基部2~3厘米处12~24小时，可促进生根，提高成活率。

（二）赤霉酸

其他名称 赤霉素、九二〇、奇宝。

特点 是植物体内普遍存在的内源激素，是广谱性植物生长调节剂，具有打破休眠，促进种子发芽，果实提早成熟，增加产量，调节开花，减少花、果脱落，延缓衰老和保鲜等多种功效。

制剂 4%乳油，85%结晶粉，3%、5%、20%、40%可溶性粉剂，4%水剂等。

使用技术 小麦在扬花期用20毫克/千克药液喷洒，可防止花果脱落，促进结实；棉花在盛花期到幼铃期用10~20毫克/千克药液喷洒，着重喷花和铃，可减少落铃；葡萄在谢花后长到绿豆大小时用100~200毫克/千克药液蘸果穗，可促进果实膨大，产生无籽果实。

注意事项 赤霉素粉剂不溶于水，使用时先用少量酒精或白酒溶解，再加水稀释到所需浓度，水溶液容易失效，要现用现配；赤霉素水剂在使用中一般不需要酒精溶解，直接稀释便可以使用，使用时直接稀释使用，稀释为1 200~1 500倍液。

（三）氯吡脲

其他名称　氯吡苯脲、调吡脲、施特优、膨果龙。

特点　是一种具有细胞分裂素活性的苯脲类植物生长调节剂，广泛用于农业、园艺和果树，促进细胞分裂，促进细胞扩大伸长，促进果实肥大，提高产量，保鲜等。

制剂　0.1%可溶性液剂。

使用技术　葡萄于谢花后 10～15 天用 0.1%可溶性液剂 10～100 倍液浸渍幼果，可以提高坐果率，单果重增加，使果实膨大，增重，增加可溶性固体物的含量；脐橙在生理落果前，即谢花后 25～30 天，用 0.1%可溶性液剂 50～200 倍液喷施树冠涂果梗密盘两次，可显著提高坐果率，防止落果，加快果实生长；枇杷在幼果直径 1 厘米，用 0.1%可溶性液剂 100 倍液浸幼果，1 个月后再浸一次果，果实受冻后及时用药，可促使果实膨大；草莓采摘后用 0.1%可溶性液剂 100 倍喷果或浸果，晾干保藏，可延长贮存期。

注意事项　氯吡脲用作坐果，主要向花器、果实处理，在甜瓜、西瓜上应慎用，尤其在浓度偏高时会有副作用产生；葡萄使用浓度过高，易降低可溶性固形物含量，增加酸度，减慢着色，延迟成熟；老、弱、病株或未疏果的弱枝上使用，果粒膨大不明显；为保证果粒膨大所需养分，应适当疏果，留果量不宜过多。

（四）复硝酚钠

其他名称　爱多收、特多收。

特点　广谱性植物生长调节剂，具有促进细胞原生质流动、提高细胞活力、加速植株生长发育、促根壮苗、保花保果、坐果膨大、提高产量、增强抗逆能力等。

制剂　0.7%、1.4%、1.8%水剂，0.9%可湿性粉剂，2%、1.4%可溶性粉剂。

使用技术　水稻、小麦在播种前用 1.8%水剂 3 000 倍液浸种 12 小时，清水冲洗后播种，能提早发芽，促进根系生长、壮苗。

二、植物生长抑制剂与延缓剂

植物生长延缓剂是延缓植物的生理或生化过程，使植物生长减慢。这是因为它只是使茎部的亚顶端区域的分生组织的细胞分裂、伸长和生长的速度减慢或暂时受到阻碍，经过一段时间后，受抑制的部位即可恢复正常生长，而且这种抑制现象可以用外施赤霉素或生长素的办法使之恢复。在农业生产上常用于控制徒长，培育壮苗；控制顶端优势，促进分蘖或分枝，改善株型；矮化植株，使茎秆粗壮，抗倒伏；诱导花芽分化，促进坐果；延缓茎叶衰老，推迟成熟，增产，改善品质，等等。

植物生长抑制剂主要是抑制植物的顶端分生组织的细胞分裂及伸长，或抑制某一生理生化过程，在高浓度下这种抑制是不可逆的。不为赤霉素、生长素所逆转而解除，在低浓度下也没有促进生长的作用，多用于抑制萌芽、抽薹开花、催枯、脱落、诱导雄性不育等。

（一）氯苯胺灵

特点　氯苯胺灵既是植物生长抑制剂又是除草剂。由于具有抑制 β 淀粉酶活性，抑制植物 RNA、蛋白质的合成，干扰氧化磷酸化和光合作用，破坏细胞分裂，因而常用于抑制马铃薯贮存时的发芽，也可用于果树的疏花、疏果。

制剂　0.7%、2.5% 粉剂，49.65% 热雾剂。

使用技术　用于马铃薯抑芽，在收获后待损伤自然愈合（约 14 天）和出芽前使用，将药剂混细干土均匀撒于马铃薯上，使用剂量为每吨马铃薯用 0.7% 粉剂 1.4~2.1 千克或用 2.5% 粉剂 400~600 克。

（二）多效唑

其他名称　氯丁唑、高效唑。

特点　植物生长延缓剂，能抑制根系和植株的营养生长，抑制顶芽的生长，促进侧芽萌发和花芽的形成，提高坐果率，改善品质和增强抗逆性等，在花卉上使用，可使株型挺拔，姿势优美，对人、畜低毒。

制剂　10%、15%可湿性粉剂，25%悬浮剂。

使用技术　在水稻长秧龄的秧田，于秧苗1叶1心期，亩用10%可湿性粉剂300克加水50升喷雾，可控制秧苗高度，培育分蘖多、发根力强的壮秧；在插秧后，于穗分化期，亩用10%可湿性粉剂180克，加水50~60升喷雾，可改进株型，使之矮化，减轻倒伏。

（三）烯效唑

其他名称　特效唑。

特点　属广谱性、高效植物生长调节剂，兼有杀菌和除草作用，是赤霉素合成抑制剂，该品用量小、活性强，不会使植株畸形，持效期长，对人、畜安全，可用于水稻、小麦、玉米、花生、大豆、棉花、果树、花卉等作物，可茎叶喷洒或土壤处理，增加着花数。

制剂　5%可湿性粉剂，5%乳油。

使用技术　水稻一般用5%可湿性粉剂350~500倍液浸种36~48小时，然后稍加洗涤催芽，可培育多蘖矮壮秧、移栽后不败苗，促早发棵、早分蘖，增穗增粒，平均增产8%左右。

（四）矮壮素

其他名称　三西、稻麦立。

特点　是一种优良的植物生长调节剂，抑制作物细胞伸长，但不抑制细胞分裂，能使植株变矮，秆茎变粗，叶色变绿，可使作物耐旱耐涝，防止作物徒长倒伏，抗盐碱，又能防止棉花落铃，可使马铃薯块茎增大，可用于小麦、水稻、棉花、烟草、玉米及西红柿等作物。

制剂　50%水剂，80%可溶性粉剂。

使用技术　水稻拔节初期用50%水剂稀释300倍液喷洒全

株，可矮化、抗倒伏，使籽粒饱满、增加产量。

（五）丁酰肼

其他名称　比久。

特点　为植物生长延缓剂，具有杀菌作用，应用效果广泛，可用作矮化剂、坐果剂、生根剂与保鲜剂等，处理植物后，能被吸收、运输与分配到植物各个部位。

制剂　50%、92%可溶性粉剂。

使用技术　苹果在盛花后 20 天，用 85%可溶性粉剂 425～850 倍液喷全株，可抑制新梢旺长，有益于坐果，促进果实着色；采摘前 45～60 天喷 213～425 倍液，可防止采摘前落果，延长贮存期。

注意事项　不能与酸性、碱性及含铜药剂混用，也不能用铜容器配制药液，喷药后 12 小时内遇降雨，会影响药效；在水肥条件好的地块上使用，效果明显，反之，则会减产。

三、其他植物生长调节剂

（一）乙烯利

其他名称　乙烯磷。

特点　是植物生长调节剂，具有植物激素增进乳液分泌，加速成熟、脱落、衰老以及促进开花的生理效应，在一定条件下，乙烯利不仅自身能释放出乙烯，而且还能诱导植株产生乙烯。

制剂　40%水剂，10%可溶性粉剂。

使用技术　香蕉、柿子催熟用 40%水剂 300～500 倍液喷雾，棉花、水稻成熟和增产，用 40%水剂 330～500 倍液喷雾，烟草催熟用 40%水剂 1 000～2 000 倍液喷雾，严格控制使用浓度。

（二）芸薹素内酯

其他名称　天丰素、芸天力、果宝、油菜素内酯、保靓等。

特点　是一种新型绿色环保植物生长调节剂，其通过适宜浓度芸薹素内酯浸种和茎叶喷施处理。可以促进蔬菜、瓜类、水果等作物生长，可改善品质，提高产量，色泽艳丽，叶片更厚实。也能使茶叶的采叶时间提前，也可令瓜果含糖分更高，个体更大，产量更高，更耐储藏。

制剂 0.01%乳油，0.01%粉剂，0.01%可溶性液剂，0.007 5%水剂，0.004%乳油。

使用技术 小麦用0.05～0.5毫克/千克药液浸种24小时，对根系和株高有明显促进作用，分蘖期以此浓度进行叶面处理，能增加分蘖数；小麦孕期用0.01～0.05毫克/千克的药液进行叶面喷雾，增产效果最显著，一般可增产7%～15%；玉米抽雄前以0.01毫克/千克的药液喷雾玉米整株，可增产20%，吐丝后处理也有增加千粒重的效果；也可用于油菜蕾期、幼荚期，水果花期、幼果期，蔬菜苗期和旺长期，豆类花期、幼荚期等，增产效果都很好。

（三）胺鲜酯

其他名称 DA-6、得丰。

特点 能提高植株体内叶绿素、蛋白质、核酸的含量和光合速率，提高过氧化物酶及硝酸还原酶的活性，促进植株的碳、氮代谢，增强植株对水肥的吸收和干物质的积累，调节体内水分平衡，增强作物、果树的抗病、抗旱、抗寒能力，延缓植株衰老，促进作物早熟、增产、提高作物的品质。

制剂 1.6%、8%、2%水剂，8%可溶性粉剂。

使用技术 胺鲜酯比其他植物生长调节剂更具有高效性，主要表现在外观长势方面，促进植株粗壮、抗倒伏，这是其他生长促进剂类植物生长调节剂所不具备的。在番茄生长期内，喷洒2%水剂1 000～1 500倍液，每7～10天喷1次，增产明显。

（四）噻苯隆

其他名称 脱叶灵、脱叶脲、脱落宝。

特点 在棉花种植上作落叶剂使用，被植株吸收后，可促进叶柄与茎之间的分离组织自然形成而脱落，是很好的脱叶剂。

制剂　50%可湿性粉剂，0.1%可溶性液剂。

使用技术　当棉桃开裂70%，每亩用50%可湿性粉剂100克，加水全株喷雾，10天开始落叶，吐絮增加，15天达到高峰。

注意事项　施药时期不能过早，否则会影响产量；施药后2日内降雨会影响药效，施药前应注意天气预报。

（五）三十烷醇

特点　是一种天然的长碳链植物生长调节剂，可经由植物的茎、叶吸收，然后促进植物的生长，增加干物质的积累、改善细胞膜的透性、增加叶绿素的含量、提高光合强度、增强淀粉酶、多氧化酶、过氧化物酶活性，能促进发芽、生根、茎叶生长及开花，使农作物早熟，提高结实率，增强抗寒、抗旱能力、增加产量、改善产品品质。

制剂　0.1%、0.05%微乳剂，0.1%可溶性液剂，1.4%可湿性粉剂，常与硫酸铜制成混配制剂烷醇·硫酸铜。

使用技术　可用于水稻、麦类、玉米、高粱、棉花、大豆、花生、蔬菜、果树、花卉等多种作物和观赏性植物。可以浸种或茎叶喷雾。以茎叶为产品的作物，如叶菜类、牧草、甘蔗等，用0.51毫克/千克浓度药液喷洒茎叶，一般可增产10%以上；烟草在团棵至生长旺盛期，用0.1%微乳剂1 670~2 500倍液喷雾2~3次，可增产；柑橘苗木用0.1%可溶性液剂3 300倍液喷雾，有促进生长作用，在初花期至壮果期喷1 500~2 000倍液，有增产作用。

注意事项　三十烷醇生理活性很强，使用浓度很低，配制药液要准确；喷药后4~6小时，遇雨需补喷；三十烷醇的有效成分含量和加工制剂的质量对药效影响极大，注意择优选购。

第三章　农药安全防护

　　我国在农药使用过程中，每年都会发生多起生产性农药中毒事故，即在农药喷洒过程中发生操作人员中毒，非常令人痛心。据不完全统计，全国每年在农药喷洒过程中发生中毒死亡的人数就达数百人。这些事故的发生，固然与农药本身的毒性有关，但更与操作者在喷洒农药过程中不注意自身安全防护有密切关系。由于经济水平的限制，大部分农药用户不太可能购买专用的农药喷洒防护设备（防毒面罩、透气性防护服等）。再加上对安全防护的认识不足，很多使用者在喷洒农药时，徒手配制、赤膊赤脚喷洒农药等现象屡见不鲜，再加上对农药科学使用了解不多，极易造成农药中毒。中央电视台曾报道，福建两个果农在对柑橘树喷洒农药时中毒身亡，归其原因：一是喷洒剧毒农药；二是在中午喷药；三是由于人站在树下往树冠层喷雾，药液滴落在身上；四是没有采取安全防护措施。

第一节　农药安全防护的必要性

一、农药进入人体的途径

　　一般情况下，农药是经过皮肤、呼吸道、消化道进入人体的。

　　1. 经皮肤进入人体引起中毒

　　这类中毒是由于农药沾染皮肤或黏膜进入人体内，从而引发中毒。人体皮肤的结构，如皮脂腺、汗腺、汗腺导管、皮下血管等，这些都可以成为农药进入人体的通道。很多农药能溶解在脂肪中，所以农药在与人的皮肤接触后，可以进入人体内部，特别是天热，气温高，人的体温继而升高，血液循环加快，同时皮肤流出的汗水也增多，农药进入人体就相对容易了。如果皮肤有伤口，农药更容易进入。农民朋友在喷施农药的时候，如果身上有伤口，千万要注意保护，切记不可粗心大意，酿成苦果。

2. 经呼吸道进入人体中毒

农药经呼吸道进入人体的方式极易被人们所忽视，有的农民朋友甚至一边打药一边吸烟，给自身的人身安全造成安全隐患。喷药时，农药的粉尘、雾滴和挥发的蒸气，可以随着施药人员的口鼻进入人体内，进而引起中毒。有的农药具有刺激性气味，如敌敌畏，此类农药在喷施时，较容易被施药人员发觉，但有些农药，特别是无臭、无味、无刺激性的农药，容易被人们所忽视，在不知不觉中大量吸入人体内，造成人体中毒，为预防中毒事故，在农药使用过程中，施药人员一般要采取戴口罩及其他防毒工具等措施。

3. 经消化道进入人体引起中毒

这种方式引起的中毒较为危险，一般一次性进入量较大，中毒较为严重。经消化道进入人体而引起中毒的可能性一般有两种：一种是误服农药；二是误食被农药污染的瓜、果、蔬菜及其他食物。为了预防经消化道引起的中毒，要注意学习农药的安全存放知识和农药安全间隔期知识，并注意看护好敏感人员如孩童、精神病人员。

二、农药使用过程中造成中毒的原因分析

农药施用过程中，农药中毒的原因有很多，疏忽任何一个环节，都可能造成农药的中毒事故，任何时候，任何条件下，都不能掉以轻心。

1. 施药人员选择不当

农药施用操作者的身体状况与农药中毒之间有着一定的关系，相对而言，身体健康的青壮年只要认真操作，农药中毒的概率是较低的，而儿童、少年、老年人、三期妇女（月经期、孕期、哺乳期）、体弱多病、患皮肤病、皮肤有破损、精神不正常、对农药过敏或中毒后尚未完全恢复健康者不适合施用农药。

2. 不注意个人防护

个人防护是关系到安全施药能否顺利进行的关键，在你周围，你是否见过戴防毒口罩喷药的老乡？你是否见过赤足露背喷药的老乡？你是否见过不穿长袖衣、长裤，只穿短裤打药的农民？像这种在配药、拌种、拌毒土时不戴橡皮手套和防毒口罩，施药时不穿长袖衣、长裤和鞋，赤足露背喷药，甚至直接用手播撒经高毒农药拌种的种子，这些不注意个人防护的事情是会导致严重后果的。

3. 配药不小心

配药时药液污染皮肤，又没有及时地清洗，这也是值得注意的地方，或者药液溅入眼内，人在下风向配药，吸入农药过多。有的人不小心，直接用手拌种，拌毒土，这是很危险的。

4. 喷药方法不正确

很多情况下，喷药是在有风的条件下进行的，很多田地的长度又比较长，很多农民朋友为了省事，从上风向喷药后，直接从下风向喷药，这种施药方式很容易导致呼吸太多的农药，进而引起农药中毒。在有的情况下，尤其是在大面积棉田里，几架药械同时喷药，很难做到按梯形前进下风侧先行，引起粉尘、雾滴污染，处于下风向的施药人员若不注意保护自己，很容易受到伤害。

5. 喷雾器故障处理不当

大家在施药的过程中，会碰到各种各样的故障，最为常见的是喷头堵塞。很多农民朋友直接徒手修理，甚至用嘴吹，这种做法是极易引起农药中毒的，也是农民朋友最不注意的地方。在这种情况下，农药极易随皮肤和口腔进入体内。有的喷雾器有漏水的故障，喷一次药，全身像洗了一次澡似的，这也是很容易经过皮肤引起中毒的。

6. 施药时间过长

在农村，青壮年一般外出务工，家里地多人少，很多农民朋友在喷农药上也是吃苦耐劳，不喷完不回家。从农药安全的角度来讲，这是很不安全的。施药时间过长，会造成人体疲劳，抵抗力下降，经呼吸和皮肤一次性进入人体的农药量过多，易造成人体中毒。

7. 施药时有不良习惯

田间喷雾作业是一个体力活，耗费体力大，有的农民朋友，在施药过程中会感觉饿、渴，不等施药结束，便吃东西、喝水；有的农民朋友虽然可以控制在施药时不随便吃喝东西，但施药完毕后未清洗干净，便吃喝东西，这两者都是很危险的，农药会随着食物进入人体引起中毒。对于男性来讲，施药休息时喜欢吸烟，这也是一个易引起中毒的因素，因为经呼吸途径进入人体的农药增多，吸烟的施药人员要引起注意。

第二节 农药进入人体的途径及防护

在发达国家，农药使用是一项专业性很强的工作，均由受过专门培训、且取得合格证书的人员实施。在施药过程中，防毒面具、防护帽（不透水）、护目镜、长筒靴、防护手套、防护服等装备齐全。

FAO（联合国粮食及农业组织）推荐的标准防护服，虽然安全性好，但配置太高，目前很难被我国广大农民采用。用户可以购买国产或自行缝制"多用途防护服"（图 3-1），此种防护服可以由塑料薄膜、橡胶材料或布料制成。采用布料时，可在布料上涂硅胶材料制作，可做成整体式，也可做成组合式。注意防护服要宽松肥大，让操作人员穿着舒适。现在，我国生产销售喷杆喷雾机的企业在产品销售推广过程中，开始配备有防护服，这种防护服对于保护喷雾人员的安全有很好的作用。

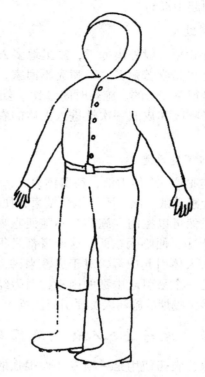

图 3-1　多用途防护服

　　对农药的安全性问题的考查，实际上已经包含在农药的研究开发过程之中，并已落实在农药的产品说明书中。在农药的说明书中已经包含了如何安全使用农药的各种注意事项和意外事故的处置方法。因此，用户所要做的事情就是如何正确地执行农药说明书中的各项规定，以避免意外事故的发生。大量事例证明，农药中毒事故的发生绝大部分是由于施药人员操作不符合操作规程要求所致。其中，取药、配药中发生的比例最大，进行喷洒作业时发生的比例也比较大。总的来说，事故的发生都是由于事先未做好准备以及施药作业中缺少必要的防护措施所致。

农药侵入人体的主要途径有 3 个方面：经口、经皮和经鼻。因此，在安全防护方面也应从这 3 个途径采取阻断措施。

一、经口摄入的防护

这种风险主要来自以下几种情况。一种情况是农药的保管不严。在一家一户的条件下，农户不得不自己保存农药。按照农药安全操作规定，农药必须存放在远离生活空间的地方，并且必须放在有锁的箱、橱内，保证农药与生活用品绝对隔离，尤其是各种食品。如果因为房子空间不够，也必须在人员很少走动的地方设置专用的箱或橱，并且必须加锁。另一种情况是把农药的空包装瓶改作生活用具，也是农村经常发生的事。已经装过农药的容器极难清洗干净，特别是装液态农药的包装瓶。有人做过试验检测，即使采取大量、多种办法用水冲洗瓶中的残剩农药，经过多次清洗也无法做到彻底洗净。如用这种瓶盛装食用物品，对于高毒或剧毒的农药来说，发生中毒的危险性是存在的。因此，用户必须坚决杜绝这种做法。

另外，施药人员工作结束后没有认真清洗在田间施药时的身体裸露部分，特别是手和脸，便立即进餐，也容易发生农药经口侵入的危险。

还有一种情况是在田间进餐或吃食物。在我国一些边远地区农村，人们常有带食物下田作业的习惯。这是发生农药经口侵入人体的重要途径。这种习惯也必须坚决阻止。

二、经皮侵入的防护

在进行施药作业时，农药极易通过皮肤侵入人体。根据人体体躯表面积的统计计算，以及我国农民在田间施药时的活动状态，大约有 63% 的身体表面有可能接触药剂，其中以双手的接触机会最多，其次是裸露的手臂、腿和脚。在施药作业中，包括取药、配药和田间喷洒作业，手使用得最多。对于体躯的保护只有采取穿戴防护服的办法才能很好地解决。在各种类型的农药制剂中，油剂、乳制剂、微乳剂等含有油质农药成分的各种制剂最容易通过皮肤进入人体。但在施药作业中，各种农药的药雾也可通过鼻腔、眼睛和嘴侵入人体（图3-2）。因此，防护服不仅应防护体躯皮肤，而且应同时防护体躯其他部分。联合国粮农组织（FAO）提出的防护服有正规的专用服装，也有因地制宜的简易防护服（图3-3）。

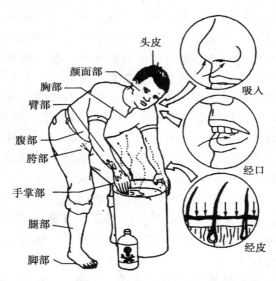

图3-2 处理高毒和剧毒农药时，农药与身体接触的途径
（屠豫钦）（黑箭头表示农药接触机会最多的部位）

关于防护服，粮农组织提出了以下几点原则性要求：①穿着舒适，但必须能充分保护操作人员的身体；②防护服的最低要求是，在从事任何施药作业时，防护服必须是轻便而能覆盖住身体的任何裸露部分；③施药作业人员不得穿短袖衣和短裤，在进行施药作业时身体不得有任何暴露部分；④不论何种材料的防护服，必须在穿戴舒适的前提下尽可能厚实，以利于有效地阻止农药的穿透，厚实的衣服能吸收较多的药雾而不至于很快进入衣服的内侧，厚实的棉质衣服通气性好，优于塑料服；

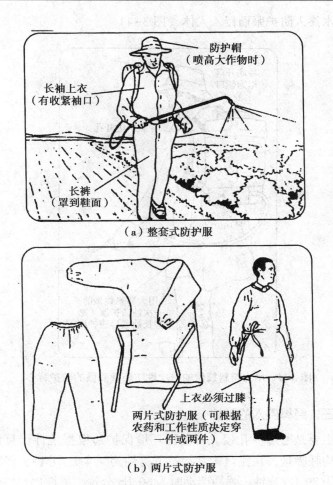

（a）整套式防护服

（b）两片式防护服

图3-3 联合国粮农组织提出的简易防护服

⑤施药作业结束后，必须迅速把防护服清洗干净；⑥防护服要保持完好无损，在进行作业时防护服不得有任何破损；⑦使用背负式手动喷雾器时，应在防护服外再加一个改制的塑料套（用一只装化肥的大塑料袋，袋底中央剪出一口，足以通过头部；袋底的两侧各剪出一口，可穿过两臂），以防止喷雾器渗漏

的药水渗入防护服而侵入人体（图3-4）。

图3-4　用大塑料袋做的一次性防药液滴漏的防护背心

三、经鼻侵入的防护

主要是通过鼻孔侵入。美国环境保护局根据统计计算出人的平均呼吸量，在完全休息状态下男性为7.4升/分钟，轻度劳动时为29升/分钟，强烈劳动时为60升/分钟。男性比女性强约1倍。所以，在田间进行施药作业时处于中等强度劳动状态下，比较容易吸入大量空气。农药的挥发物（包括气化作用较强的农药和农药制剂中的有机溶剂）或雾滴、细粉都比较容易随空气而被吸入。使用具有熏蒸作用的农药以及气雾剂时，必须注意防范。采取飘移喷雾法时，也应注意操作人员必须始终处于上风向位置，以免吸入超细雾滴。粉剂在空气中的飘浮时间比较长，喷粉时也应注意防范。

保护呼吸系统的主要工具是面罩或鼻罩，防粉尘吸入则可使用简单的口罩。

四、防护设备的清洗

常用的防护用品在配药、施药过程中都会沾染一些农药，须清洗消毒。根据大多数农药遇碱分解的特点，防护用品可用碱性物质消毒。例如，手套、口罩、衣服、帽子被有机磷农药污染后，可用肥皂水或草木灰水消毒。草木灰是含碱性物质，常用一份草木灰对水 16 份制成消毒液，待澄清后取上面的清液使用，有一定消毒效果。若污染了农药制剂的原液，可先放入5% 碱水或肥皂水中浸泡 1~2 小时，再用清水洗净。橡皮或塑料手套、围腰、胶鞋污染了农药制剂原液，可放入 10% 碱水中浸泡 30 分钟，再用清水冲洗干净，晾干备用。

第三节　残留农药安全处理

由于农药的管理、贮运、使用等方面的多种原因，废弃农药的数量相当大。尤其在"经济合作发展组织"（OECD）国家中更为严重。据 FAO 1995 年的一项调查结果表明，全世界废弃农药的量在 1992 年时已超过 100 000 吨，主要是在发展中国家问题最多；鉴于废弃农药对农药使用者和环境的安全性已构成严重威胁，FAO 于 1993 年组织了一项计划，全面探讨了关于处置废弃农药的方法和阻止废弃农药继续扩大积累的策略。1995年下半年，FAO 颁布了关于阻止和处理废弃农药积累的准则（1995，罗马）。虽然这份准则是根据计划调查结果和针对非洲和近东地区国家（有 65 个国家参加了该计划）的，但是其中所反映的处理方法和标准仍具有普遍指导意义，对我国也是如此。

这个准则中主要的处置对象是数量比较大的库存农药，这种情况在我国 20 世纪 80 年代以前曾经是一个大问题。尽管农药仓库采取"先进先出"的原则，仍然每年还会有相当数量的农药存在因贮存不良而失效、过期减效和失效的问题（此类问题是由国家主管供销的部门统一处理）。自从统一供销的渠道消失以后，废弃农药的问题便转变成为社会问题。一部分是属于农药生产厂家，即未能销出的积压农药的处理问题。另一部分属于营销商如植物医院、庄稼医院以及其他各种形式的营销商，也有未能销出的农药的处置问题。还有一部分则是广大的农民用户，这一部分虽然每户经手的农药量很少，但是千家万户使用的农药加起来，也就成为一个很大的问题。这里主要讨论农民用户手中的废弃农药的处理问题。

一、废弃农药的来源

由于现在农药的采购和使用已成为农民一家一户的个体行为，对农民的农药使用技术往往不能提供及时、有效的服务，因此问题很多。主要的问题有以下几方面。

（1）原包装农药不能一次用完而残剩的农药。这种残剩农药，农民一般不愿把它废弃，但是在继续贮存的过程中，往往由于保管的方法和条件不好，会导致农药药效逐渐减退，或由于农药理化性质和剂型稳定性发生变化而导致失效和减效，实际上已变成应予以废弃的农药。

（2）已用完的农药包装容器中所残剩的农药。

（3）在农药喷施以后残剩在施药机具中的农药。在上述 3 种废弃农药中，影响最大的是后面 2 种，实际上这两部分废弃农药都是在未经安全处理的情况下被抛弃在环境中。国外的一个报告指出，残剩在各种包装容器中的农药占农药原包装量的 1%~2%。若以 1% 计，我国每年即有数千吨农药在未经安全处理的情况下随包装容器进入环境。喷药以后残剩在喷雾器械中的药液清洗后，清洗水中的农药量也很大，也全部倾倒在环境中。

这些风险的产生，根本原因在于农药使用者对于安全问题和环境问题不够重视。因此，没有积极采取必要的措施，或者即便有相应的措施，出于侥幸的心理或者因为缺乏必要的条件而不去认真创造条件付诸实施。

二、对废弃农药的决策

1996年FAO推荐了一个关于农药废弃的决策系统（图3-5）。根据这一决策系统，首先要对积压的农药进行清理分类：一部分经过鉴定可能证明为可以继续使用的，例如由于标签破损或失落而不能辨认的，由于包装材料破损但仍可加以分装后再使用的（但这种重新包装必须在专门技术人员指导下进行），或者当地不再需用但可以调往其他地区使用的农药；一部分已不适于喷施但可以用作土壤处理的；还有一部分是通过检查评估确定已无使用价值的农药而必须加以销毁处理的。

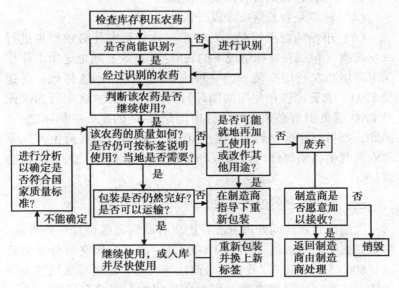

图3-5　关于农药废弃的决策系统

此类问题如果是发生在农药的营销部门，应当同有关农药的生产厂家进行联系后，决定采取哪一种处理办法。

我国当前农药的营销渠道相当混乱，对于那些非法的营销者，根本办法是必须通过法制的手段加以禁止。而对于商业物资系统、植保站系统的大量营销商店，则应当积极地以负责任的态度去对待和认识废弃农药的处置问题。对于他们来说，这套决策系统是很有参考价值的。

这里有必要再强调一点：生产厂的库存农药以及各营销部门、销售门市部的库存或货架农药是否属于可疑废弃农药，判断的依据有以下几方面。

（1）农药的库存时间是否已超过保质期或贮存期限。

（2）未超过保质期的农药是否已出现异常现象，如乳油是否有析出物，是否分层，悬浮剂是否已发生不可恢复的固块和分层现象，粉状药剂是否已发生结块，以及其他异常现象。

（3）包装容器是否有破损和泄漏。

（4）标签是否脱落或难以辨认。

（5）市场的需求情况。对于库存或货架农药必须每年进行一次清查（包括在特殊情况下的临时抽检）。必须把这项工作作为对环境和农药用户负责的一种规范化行为，不这样做，是违反 FAO "农药销售和使用的国际行为准则"的，这项行为准则是 FAO 成员国所必须遵守的，中国是 FAO 的重要成员国之一，因此，严格遵守这一行为准则是我国农业部门、农药生产厂家和农药营销和销售部门以及农药使用者等所有有关人员的社会责任。

三、废弃农药的处理方法

大量废弃农药的处理方法，主要有旋转高温焚烧炉处理法、熔碱高温氧化分解法（900~1 000℃）、熔融金属高温分子裂解法（800~1 800℃）以及化学分解法等，还有垃圾堆放场挖土深埋法。这些方法虽都有效，但投资均很大，而且只适用于大量废弃农药的处理。对于较少量废弃农药，除了挖土深埋法，其他方法均不适用。

四、农户自贮农药的废弃处置

（一）自贮农药废弃的标准

农户自贮农药，大多数均无合格的专用农药贮存室、贮存柜或其他类似的贮存空间，保管方法也大多不正确，因此，农药在贮存过程中发生的问题比较多，对于农药的有效使用期往往有很大影响。这些问题主要表现为以下几方面。

（1）标签破损或失落。

（2）未用完的农药，包装已受到破坏，特别是纸质或塑料袋包装的固体制剂。开口后未用完的药已不能恢复原包装状态。袋口往往敞开或闭合不严，剩余农药容易受空气湿度的影响而变质。

（3）原包装瓶局部破损，虽然未发生农药泄漏，但农药的含量和组成会发生变化。因为瓶装液态药剂绝大部分都是以有机溶剂或水作为介质，在包装瓶出现破损的情况下就会很快挥发逸失，从而使制剂的固有理化性质和制剂的稳定性被破坏。

在上述任何一种情况下，该农药是否仍有继续使用的价值就很可疑了。除非经过当地原供销部门、技术指导部门（如植保站、植物医院、庄稼医院或农业院校、研究单位）的明确认证和正确指导，否则，必须列为"废弃农药"。

（二）小量废弃农药的处置方法

此类可疑废弃农药最好交给原生产厂家集中处置。在欧、美一些国家，在各地设立了化学废弃物处置中心，专门负责处理包括农药在内的各种化学废弃物。交给原生产厂家集中处置则便于工厂对此类废弃农药进行再加工，恢复其使用价值，而无须全部销毁。

这项工作需要一种体制和有关制度的保证。虽然我国现在还没有这样的体制和制度。但是鉴于我国的农药生产、销售和高度分散使用的状况，建立这样的制度势在必行，否则就很难根本解决这种废弃农药所带来的严重问题。

在尚未建立这种制度的情况下，可以采取挖坑深埋的办法来处置。但是，这项工作应由当地的农药供销部门或植保部门或环保部门经当地政府授权负责进行集中处置。为此，应通过农药供销部门广泛通告农药用户，把废弃农药统一交给负责废弃农药处理的部门进行集中处理。

挖坑的地点应在离生活区很远的地方而且地下水很深，降雨量小或能避雨远离各种水源的荒僻地带。根据废弃农药的种类和性质，坑内的埋填方式应有区别。

（1）非水溶性固态农药制剂包括粉剂、可湿性粉剂、悬浮剂、颗粒剂等，不含有水可溶性有毒成分的制剂，坑内可以不加任何铺垫物。坑深不浅于 1 米。废弃农药投入后，用工具把包装物捣碎后，填入土壤捣实，地面铺平。

（2）液态制剂及可溶性固态制剂除了悬浮剂以外的各种液态制剂和水可溶性固态制剂，进行挖坑深埋时，坑内必须加铺垫物，其组成是：底层为石灰层，其上方是锯木屑层，捣实后投入液态废弃农药，废弃农药的四周应留出 20～30 厘米空隙，以便再填入石灰。然后把废弃农药的包装瓶捣碎，再铺入一层石灰捣实，最后填入土壤，捣实铺平至地表。

锯木屑的使用是吸收药液，不使药液横溢到周围土层中。水溶性固态农药制剂有可能吸收水分而溶解，扩散到土层中，因此，也必须采用同液态制剂同样方法铺垫深埋。

五、残剩农药的处置

残剩农药是指农药空包装容器中所残剩的或沾附在容器壁上的药剂，或农药喷施结束后，未喷净的剩余药液或药粉。农药包装容器如不加清洗，残剩药量可达农药原包装量的 1%～2%，工业化国家提出的清洗标准是把它降低到原包装药量的0.01%，要达到这个标准，不采取强力有效的清洗措施是很困难的。有些国家如荷兰已制定法令，如果用户未能达到这一清洗标准，政府将责令农药生产厂家收回全部空包装容器加以妥善处置。该国还建立了特别检查小组，授权强制要求在农场内就地清洗干净。意大利政府责成地方当局收集废弃包装容器并采取有毒废弃物专用的处置方法集中处理。德国政府则强制要求农药生产厂商负责回收空容器，并明令禁止在田间和农场内焚毁。英国政府允许就地焚烧或深埋空容器（激素类的药物除外），但已经有人提出要求政府采取德国的办法，并把空容器统一交废弃物处置公司统一处理。

以上情况表明，农药空包装容器的处理已经提到很重要的地位，要解决好这个问题，在工业化国家还比较容易实现。但是在我国当前农业分散经营、农药生产和供销渠道混乱的情况下，如果没有强力的政府行为干预，是很困难的。在 20 世纪 80 年代以前，我国农业生产资料公司曾经有一个全国性的农药空包装瓶回收系统分布在各地，回收的包装瓶经过清洗后重新返回工厂做包装瓶用。这套系统对于解决我国农村的大量空农药包装瓶的二次污染问题曾经发挥了巨大的作用。

在当前的条件下，空包装容器的处置暂时可以采取挖坑深埋的方法。由于空容器中残剩量一般不会很大，因此，可以就地处理，但是必须遵循以下几项原则。

（1）空包装瓶中的残剩农药，应在最后一次配制喷洒药液时全部洗出。采取"少量多次"的办法，把清洗用水分成 3~5 份反复冲洗，冲洗液全部加入喷雾器中。清洗水的总用量，可根据瓶装农药的性质来估算。以 500 毫升包装瓶计，若原包装农药黏度较小，残剩农药量可按 5 毫升计，若黏度较大，则按 10 毫升计，然后根据当时选定的配比量取水，取水后分为 3~5 份，分次冲洗。

（2）若包装材料是纸袋或塑料袋，则用废纸包裹起来，等待处理。

（3）挖坑深埋的办法，参照上文说明执行。但可以不铺锯木屑。空瓶和空包装袋投入坑内后，须捣碎。

废包装袋不可采取焚烧的办法处理。因为普通的焚烧即使是明火燃烧，也不可能达到彻底销毁农药的目的，并且焚烧过程中产生许多成分不明的有害物质会进入大气中。

第四节 农药在农产品上的安全间隔期

作物采收距最后一次施药的间隔天数就是农药安全间隔期，也就是说如果要采摘必须等待施用一定剂量的农药多少天以后才行。控制和降低农产品中农药残留的一项关键措施便是安全间隔期。一般来讲，农药安全间隔期与农药的降解度有关系，易降解的农药安全间隔期就短，反之，就长。同时，不同作物上使用同一种农药，也有不一样的安全间隔期，如75%百菌清可湿性粉剂，在苹果上的安全间隔期为20天，在番茄上则为7天。目前，我国多数农药已有相应的安全间隔期，并在农药标签上进行了标注。

一、农作物上常用农药的安全间隔期

（一）小麦常用农药的安全间隔期

10%氯苯醚菊酯乳油7天，40%乐果乳油10天，25%灭幼脲悬浮剂15天，50%多菌灵可湿性粉剂20天，25%粉锈宁可湿性粉剂20天，25%除虫脲可湿性粉剂21天，25%氧环三唑乳油28天，70%甲基硫菌灵可湿性粉剂30天。

（二）水稻常用农药的安全间隔期

90%敌百虫晶体7天，50%马拉硫磷乳油7天，杀螟松乳油14天，50%倍硫磷乳油14天，50%地亚农乳油28天，25%杀虫双水剂15天，25%西维因可湿性粉剂30天，10%氯苯醚菊酯乳油早稻7天、晚稻15天，50%稻丰散乳油7天，50%仲丁威乳油21天，2%异丙威粉剂14天，40%敌瘟磷乳油21天，50%杀螟硫磷乳油21天，2%春雷霉素水剂21天，50%易卫杀可湿性粉剂15天，25%优乐得可湿性粉剂14天，70%甲基硫菌灵可湿性粉剂30天，25%优佳安可湿性粉剂21天，50%杀螟丹可溶性粉剂21天，2%灭瘟素7天，75%纹达克可湿性粉剂30天，50%

多菌灵可湿性粉剂 30 天，3%呋喃丹颗粒剂 60 天，20%望佳多可湿性粉剂 21 天，25%喹硫磷乳油 14 天、40%稻瘟灵早稻 14 天、晚稻 28 天，50%稻瘟酞可湿性粉剂 21 天，40%异稻瘟净乳油 20 天，75%三环唑可湿性粉剂 21 天，75%百菌清可湿性粉剂 10 天。

（三）棉花常用农药的安全间隔期

10%天王星乳油 14 天，10%高效灭百可乳油 7 天，20%双甲脒乳油 7 天，10%氯氰菊酯乳油 7 天，20%灭扫利乳油 14 天，50%二嗪磷 41 天，73%克螨特乳油 21 天，2.5%敌杀死乳油 14 天，75%硫双威可湿性粉剂 14 天，10%马扑拉克乳油 14 天，35%伏杀硫磷乳油 14 天，5%来福灵乳油 14 天，25%氯氰菊酯乳油 14 天，20%速灭杀丁乳油 7 天，40.7%毒死蜱乳油 21 天。

二、蔬菜常用农药的选择及安全间隔期

（一）蔬菜使用农药注意的问题

1. 选用低毒农药

农药种类随着化学工业的发展越来越多，某一种病虫害的防治可以选择多种药剂进行。为了人畜安全，选择农药品种在防治病虫害的前提下应是低毒、低残留的。

2. 配药浓度要低

确定要选用的农药品种后，应选择药效范围的下限配制药剂。因为施用低浓度的药液，既能保证人畜安全，使成本降低，又对残留的病虫个体产生抗药性有预防作用，从而延长农药的使用寿命。

3. 各种药剂交替使用

由于菜田病虫草害种类繁多，发展速度快，施药也频繁，如果同一种药剂连续施用，防治对象会产生对药剂的抗性，降低药效。为此，应将一些不同品种药效相同的药剂交替使用，以避免产生抗性。

4. 要注意用药的时间性

用药的时间性包括 2 层含义：一是要抓住病虫害发生的时机及时用药，越快越好，不要把产生最佳药效的时间错过；二是用药时农药的浓度和数量要根据蔬菜的生长期来调整，因为蔬菜不同的生育期对药液的浓度和数量有不同的要求。

（二）蔬菜常用农药的安全间隔期

1. 杀菌剂

75%百菌清可湿性粉 17 天，58%瑞毒霉锰锌可湿性粉剂 2~3 天，50%扑海因可湿性粉剂 4~7 天，50%农利灵可湿性粉剂 4~5 天，70%甲基托布津可湿性粉剂 5~7 天，77%可杀得可湿性粉剂 3~5 天，64%杀毒矾可湿性粉剂 3~4 天。

2. 杀虫剂

10%氯氰菊酯乳油 2~5 天，2.5%溴氯菊酯 2 天，1.8%爱福丁乳油 7 天，2.5%功夫乳油 7 天，10%马扑立克乳油 7 天，5%来福灵乳油 3 天，10%快杀敌乳油 3 天，50%抗蚜威可湿性粉剂 6 天，40.7%乐斯本乳油 7 天，20%甲氰菊酯乳油 3 天，20%灭扫利乳油 3 天，5%抗蚜威可湿性粉剂 6 天，35%伏杀硫磷 7 天，25%喹硫磷乳油 9 天，5%多来宝可湿性粉剂 7 天。

3. 杀螨剂

50%溴螨酯乳油 14 天，50%托尔克可湿性粉剂 7 天。

（三）无公害蔬菜生产用药注意事项

1. 优先选择生物农药

生产中常用的生物杀虫杀螨剂：Bt、华光霉素、阿维菌素、茼蒿素、浏阳霉素、鱼藤酮、苦参碱、藜芦碱等。杀菌剂：春雷霉素、井冈霉素、武夷菌素、多抗霉素、农用链霉素等。

2. 合理选用化学农药

（1）严禁使用剧毒、高毒、高残留、高生物富集体、高

"三致"（致畸、致癌、致突变）农药及其复配制剂如甲胺磷、六六六、滴滴涕、呋喃丹、氧化乐果、1605、3911、涕灭威、灭多威、磷化锌、杀虫脒、杀扑磷、久效磷、甲基异柳磷、有机汞制剂等。有些农药残留量大，如三氯杀螨醇，其成分分解慢，施药1年后作物中仍有残留，在蔬菜上也不宜使用。

（2）选择高效、低毒、低残留的化学农药，限定的化学农药允许在无公害蔬菜生产中有限制地使用，使蔬菜体内的有毒残留物质量在国家卫生允许标准之内，且在人体中的代谢产物无害，容易从人体内排除，对天敌有小的杀伤力。①限定使用的化学类杀虫杀螨剂。乐斯本、辟蚜雾、抑太保、灭幼脲、除虫脲、氯氰菊酯、溴氰菊酯、氰戊菊酯、敌百虫、辛硫磷、敌敌畏、克螨特、双甲脒、尼索朗、噻嗪酮等。②限定使用的化学类杀菌剂。波尔多液、Bt、代森锌、甲基托布津、乙膦铝、甲霜灵、可杀得、多菌灵、百菌清等。

第五节　农药毒性及中毒处理

一、农药中毒的判断

（一）农药中毒的含义

在接触农药的过程中，如果农药进入人体，超过了正常人的最大耐受量，使机体的正常生理功能失调，引起毒性危害和病理改变，出现一系列中毒的临床表现，就称为农药中毒。

（二）农药毒性的分级

主要是依据对大鼠的急性经口和经皮肤进行试验来分级的。依据我国现行的农药产品毒性分级标准，农药毒性分为剧毒、高毒、中等毒、低毒、微毒5级。

（三）农药中毒的程度和种类

（1）根据农药品种、进入途径、进入量不同，有的农药中毒仅仅引起局部损害，有的可能影响整个机体，严重的甚至危及生命，一般可分为轻、中、重3种程度。

（2）农药中毒的表现，有的呈急性发作，有的呈慢性或蓄积性中毒，一般可分为急性和慢性中毒两类。①急性中毒往往是指1次口服，吸入或经皮肤吸收了一定剂量的农药后，在短时间内发生中毒的症状。但有些急性中毒，并不立即发病，而要经过一定的潜伏期，才表现出来。②慢性中毒主要指经常连续食用、吸入或接触较小量的农药（低于急性中毒的剂量），毒物进入机体后，逐渐出现中毒的症状。慢性中毒一般起病缓慢，病程较长，症状难于鉴别，大多没有特异的诊断指标。

（四）农药中毒的原因、影响因素及途径

1. 农药中毒的原因

（1）在使用农药过程中发生的中毒叫生产性中毒，造成生产性中毒的主要原因如下。①配药不小心，药液污染手部皮肤，又没有及时洗净；下风侧配药或施药，吸入农药过多。②施药方法不正确，如人向前行左右喷药，打湿衣裤；几架药械同时喷药，未按梯形前行和下风侧先行，引起相互影响，造成污染。③不注意个人保护，如不穿长袖衣、长裤、胶靴，赤足露背喷药；配药、拌种时不戴橡胶手套、防毒口罩和护目镜等。④喷雾器漏药，或在发生故障时徒手修理，甚至用嘴吹堵在喷头里的杂物，造成农药污染皮肤或经口腔进入人体内。⑤连续喷药时间过长，经皮肤和呼吸道进入的药量过多，或在施药后不久在田内劳动。⑥喷药后未洗手、洗脸就吃东西、喝水、吸烟等。⑦施药人员不符合要求。⑧在科研、生产、运输和销售过程中，因意外事故或防护不严污染严重而发生中毒。

（2）在日常生活中接触农药而发生的中毒叫非生产性中毒，造成非生产性中毒的主要原因如下。①乱用农药，如高毒农药灭虱、灭蚊、治癣或其他皮肤病等。②保管不善，把农药与粮食混放，吃了被农药污染的粮食而中毒。③用农药包装品装食物或用农药空瓶装油、装酒等。④食用近期施药的瓜果、蔬菜，拌过农药的种子或农药毒死的畜禽、鱼虾等。⑤施药后田水泄漏或清洗药械污染了饮用水源。⑥有意投毒或因寻短见服农药自杀等。⑦意外接触农药中毒。

2. 影响农药中毒的相关因素

（1）农药品种及毒性农药的毒性越大，造成中毒的可能性就越大。

（2）气温越高，中毒人数越集中。有 90% 左右的中毒患者发生在气温 30℃ 以上的 7—8 月。

（3）农药剂型乳油发生中毒较多，粉剂中毒少见，颗粒剂、缓释剂较为安全。

（4）施药方式撒毒土、泼浇较为安全，喷雾发生中毒较多。经对施药人员小腿、手掌处农药污染量测定，证实了撒毒土为最少，泼浇为其 10 倍，喷雾为其 150 倍。

3. 农药进入人体引起中毒的途径

（1）经皮肤进入人体。这类中毒是由于农药沾染皮肤进到人体内造成的。很多农药溶解在有机溶剂和脂肪中，如一些有机磷农药都可以通过皮肤进入人体内。特别是天热，气温高、皮肤汗水多，血液循环快，容易吸收。皮肤有损伤时，农药更易进入。大量出汗也能促进农药吸收。

（2）经呼吸道进入人体。粉剂、熏蒸剂和容易挥发的农药，可以从鼻孔吸入引起中毒。喷雾时的细小雾滴，悬浮于空气中，也很易被吸入。在从呼吸道吸的空气中，要特别注意无臭、无味、无刺激性的药剂，这类药剂要比有特殊臭味和刺激性的药剂中毒的可能性大。因为它容易被人们所忽视，在不知不觉中大量吸入体内。

（3）经消化道进入人体。各种化学农药都能从消化道进入人体而引起中毒。多见于误服农药或误食被农药污染的食物。经口中毒，农药剂量一般不大，不易彻底消除，所以中毒也较严重，危险性也较大。

二、农药中毒的急救治疗

（一）正确诊断农药中毒情况

农药中毒的诊断必须根据以下几点。

（1）中毒现场调查。询问农药接触史，中毒者如清醒则要口述农药接触的过程、农药种类、接触方式，如误服、误用、不遵守操作规程等。如严重中毒不能自述者，则需通过周围人及家属了解中毒的过程和细节。

（2）临床表现。结合各种农药中毒相应的临床表现，观察其发病时间、病情发展以及一些典型症状体征。

（3）鉴别诊断。排除一些常易混淆的疾病，如施药季节常见的中暑、传染病、多发病。

（4）化验室资料。有化验条件的地方，可以参考化验室检查资料，如患者的呕吐物，洗胃抽出物的物理性状以及排泄物和血液等生物材料方面的检查。

（二）现场急救

（1）立即使患者脱离毒物，转移至空气新鲜处，松开衣领，使呼吸畅通，必要时吸氧和进行人工呼吸。

（2）皮肤和眼睛被污染后，要用大量清水冲洗。

（3）误服毒物后须饮水催吐（吞食腐蚀性毒物后不能催吐）。

（4）心脏停跳时进行胸外心脏按摩。患者有惊厥、昏迷、呼吸困难、呕吐等情况时，在护送去医院前，除检查、诊断外，应给予必要的处理，如取出假牙将舌引向前方，保持呼吸畅通，使仰卧，头后倾，以免吞入呕吐物，以及一些对症治疗的措施。

（5）处理其他问题。尽快给患者脱下被农药污染的衣服和鞋袜，然后把污物冲洗掉。在缺水的地方，必须将污物擦干净，再去医院治疗。

现场急救的目的是避免继续与毒物接触，维持病人生命，将重症病人转送到邻近的医院治疗。

（三）中毒后的救治措施

（1）用微温的肥皂水或清水清洗被污染的皮肤、头发、指甲、耳、鼻等，眼部污染者可用小壶或注射器盛 2% 小苏打水、生理盐水或清水冲洗。

（2）对经口中毒者，要及时、彻底催吐、洗胃、导泻。但神志恍惚或明显抑制者不宜催吐。补液、利尿以排毒。

（3）呼吸衰竭者就地给以呼吸中枢兴奋剂，如可拉明、洛贝林等，同时给氧气吸入。

呼吸停止者应及时进行人工呼吸，首先考虑应用口对口人工呼吸，有条件准备气管插管，给以人工辅助呼吸。同时，可针刺人中、十宣、涌泉等穴，并给以呼吸兴奋剂。

对呼吸衰竭和呼吸停止者都要及时清除呼吸道分泌物，以保持呼吸道通畅。

（4）循环衰竭者如表现血压下降，可用升压静脉注射，如阿拉明、多巴胺等，并给以快速的液体补充。

（5）心脏功能不全时，可以给咖啡因等强心剂。心跳停止时用心前区叩击术和胸外心脏按压术，经呼吸道近心端静脉或心脏内直接注射新三联针（肾上腺素、阿托品各 1 毫克，利多卡因 50 毫克）。

（6）惊厥病人给以适当的镇静剂。

（7）解毒药的应用。为了促进毒物转变为无毒或毒性较小物质，或阻断毒作用的环节，凡有特效解毒药可用者，应及时正确地应用相应的解毒药物。如有机磷中毒则给以胆碱酯酶复能剂（如氯磷定或解磷定等）和阿托品等抗胆碱药。

（四）对症治疗

根据医生的处置，服用或注射药物来消除中毒产生的症状。

第四章 农药购买、运输和贮藏

第一节 农药购买

购买农药的目的，在于有效地防治病虫草害等，因而在购买农药之前，必须弄清所要防治的对象，需要购买的农药品种、剂型、数量，以及如何鉴别农药与怎样看农药标签和使用说明书等。以防所购买的农药与防治对象不符、剂型不适当、数量少或多余以及是假药、失效药等现象的发生。因此，在购买农药的过程中必须注意以下几点。

一、注意农药品种

根据防治对象和栽培作物的种类而选择购买农药。因此，在购买农药之前，首先要知道所种的是什么作物，发生了什么病虫害，待确定了病虫害发生的种类之后，再确定购买什么农药品种。能用于防治某种病虫害的农药，往往不只是一个品种，在此情况下，还要了解一下哪种农药效果最好，哪种农药效果最差，哪种农药易产生药害等。然后，根据当地农药的供应情况，尽量确定一种效果好和经济、安全的农药品种。在购买农药时，还要注意农药的同物异名现象。所要购买的农药，往往会因生产厂家的不同而有不同的名称。这时要对照农药的化学名称，只要农药的化学名称一样，就是同一种农药。

二、注意农药的剂型

同一个农药品种，往往会有许多不同剂型。不同的剂型，其施药方法、时间、用量都有所不同，要根据所种的作物、生育期、发生的病虫害种类、当地的环境条件和拥有的农药机具来选择合适的剂型。一般说，粉剂适于密植的作物，食叶性害虫的产卵盛期或幼虫卵化盛期，应在早晨露水未干时使用，用手摇喷粉器或机动喷粉机喷洒；乳油、水剂、可湿性粉剂、可溶性粉剂等适于喷雾的剂型，宜在作物的苗期、近水源的地块、风小的上午或下午使用，用气压式喷雾器和机动弥雾机喷洒。如大豆为密度较大的作物，若用农药防治取食大豆叶片的豆天蛾低龄幼虫，在早晨露水未干或在有露水的傍晚用手摇或机动喷粉器械喷施粉剂农药，效果会更好；而在防治棉花苗期的蚜虫及红蜘蛛时，就以选择适于喷雾的农药剂型，在中午或下午用背负式手动喷雾器喷雾较为恰当。总之，要根据高效、安全、经济和容易操作的原则，选购适当的农药品种和剂型。做到品种和防治对象对口，剂型和施药方法正确。

三、注意农药的包装

有些农药在装卸、运输和保管过程中，可能会将瓶子碰裂、袋子碰烂、标签碰掉甚至被雨淋湿等，这样的农药最好不要购买，以免出现意外。如农药流失造成事故，品种混淆造成错购，农药失效达不到施药目的，变质造成作物药害等。另外，同一种农药的包装，还有大包装和小包装之分。液剂农药小至几毫升，大至数千克，一般为 0.5~1.0 千克瓶装；粉剂农药一般为 0.5~25.0 千克袋装。在购买时，要结合需求量、携带、使用和保管等方面进行综合考虑，尽量选择一种需求量符合，并便于使用和保管的农药包装。

四、注意购买的数量

购买农药的数量，不可过多，又不可过少。多了会增加贮藏上的麻烦，少了就不够用，影响病虫害的及时防治或增加购买次数。那么，如何确定农药的购买数量呢？首先要根据作物的种植面积或病虫害发生的面积和用药次数，然后再根据农药的有效成分含量、安全亩用量等，确定出每次的用药量和累积用药量。在需求量少而又不零售的情况下，可几家联合购买，尽量买到一个最小的包装单位。

五、注意农药的质量

由于生产时间长或运输、储藏方法不当或农药厂生产的产品不合格等原因，都有可能使药剂的质量下降，以致降低药效或其他不良现象的发生。另外，不同的农药厂生产的同一种农药其质量也有很大差别。因此，在购买农药时，必须注意农药的质量，进行认真细致的检查。

六、农药标签和使用说明书上常见外文缩写词的识别

农药的标签和使用说明书，是帮助购买者和使用者了解该种农药的理想助手，特别是对于一些从国外进口的农药和国内研制的新农药，靠有关书籍的介绍往往是跟不上的，只有通过标签和使用说明书来了解。因此，会看农药标签和使用说明书是很有必要的。但是，在农药的标签和使用说明书上，往往印有一些英文缩写词，下面将对常见的英文缩写词按类分别给予介绍。

（一）表示农药剂型的缩写词

WP 代表可湿性粉剂，EC 代表乳油，SP 代表水溶性粉剂（可溶性粉剂），G（g）代表颗粒剂，F 或 FL（fl）代表胶悬剂，dp 代表粉剂，AC 代表水剂，ULV 代表超低容量喷雾剂（微量喷雾剂），PA 代表糊剂，tablet 代表片剂，FD 代表微粒剂（国外新剂型），DL 代表无飘移粉剂（国外新剂型）。

（二）有关浓度的英文缩写词

PC 代表百分浓度，即在 100 份药液中含农药有效成分的份数；ppm 代表百万分浓度，即在一百万份药液中含农药有效成分的份数；ppb 代表十亿分浓度，就是含农药有效成分十亿分之一；ppt 代表万亿分浓度，就是含有效成分万亿分之一。

ai 代表有效成分；kg/ha 代表千克/公顷，如 2kg/ha，即每公顷用有效成分 2 千克；Be 代表波美度，即用波美比重计测量的一种溶液浓度，波美比重与普通比重（d）的关系如下。

普通比重（d）= 145 ÷（145–波美比重）

波美比重 = 145 ×（普通比重–1）÷ 普通比重

（三）有关质量的英文缩写词

Wt 代表质量，TM 代表总质量，SG 代表比重，G（g）代表克，kg 代表千克，T（t）代表吨。

（四）有关毒性的英文缩写词

LD50 代表致死中量，即引起试验动物群体 50% 死亡的剂量，单位通常用毫克/千克体重；LC50 代表致死中浓度，即引起供试动物群体 50% 死亡时的浓度，常用毫克/千克表示；MAC 代表最大允许有效药量；MEC 代表最小有效浓度。

（五）表示农药酸碱度的英文缩写词

pH 值表示酸碱度，如 7pH，即 pH 值等于 7，为中性。当 pH 值大于 7 时为碱性，数值愈大碱性愈强；pH 值小于 7 时为酸性，数值愈小酸性愈强。

第二节　农药安全运输

农药购买后，要保证安全、完好地运输到目的地。运输途中，切记不要让农药处于无人看管的状态。如农药无人看管，可能被儿童或其他无关人员接触到；也可能发生将食品和其他日用品被农药污染，尤其是食品被污染后可能会引起严重后果；再者，如果农药随意丢放，可能导致农药包装破损，引起泄漏，造成严重污染。这些事件均有可能发生在农药运输过程中。正确的做法如下。

1. 农药在运输过程中要上锁

在农药运输过程中，首先要确保农药原包装完好无损，密封盖严密不松动，以免在运输途中发生泄漏或喷溅。最简单有效的方法是将要携带的农药产品用带锁的箱子（材质可以是木质、铁质或塑料）盛放，并上锁，置于远离食品处。这样可以使农药与其他物品隔开，避免儿童或他人接触到，同时还可保证农药包装不被损坏，即使农药发生泄漏也可将泄漏农药局限在很小的空间，不扩散。所以准备大小合适的带锁的箱子应该成为农药使用者的常识之一，可用来运输农药，又可用来贮藏农药。

田间施药后，要确保农药器械完全彻底地清洗干净。

2. 农药泄漏后的应急处理

一旦发生农药泄漏，不要慌乱。首先是用吸附性良好的土或沙子将泄漏的农药围起来，并小心向内添加土或沙子，让土或沙子充分吸附农药，然后将其收起装入一结实的塑料袋中，并用标签标记清楚——农药泄漏物，咨询农药销售商或其他专业人士，用正确的方法进行处理。一般应带到偏僻的地方，远离村庄、地下水，挖坑深埋。

第三节　农药贮藏

农药在许多情况下需要贮藏，如购买的农药往往当年不能用完，需要妥善贮藏；当年买的农药往往不能马上就用，也需要暂时贮藏。而正确、安全地贮藏农药，可以保证：①保护人的健康；②保护环境；③保持农药包装完好无损，保证药效。购买农药时，尽可能购买合适的量，以减少农药贮藏量。农药贮存时应该做到以下几点。

一、阅读标签

在贮藏农药时，首先要阅读标签。标签上给出了一些贮藏农药的信息，要确保完全了解标签上标明的中毒风险。

（1）许多农药标签上要求农药贮藏时要上锁。

（2）按照标签上的说明贮藏，有的农药要求与其他农药分开贮藏。

（3）牢固的贮藏地点可以保证农药包装完好无损，并且可防止被盗窃。

（4）时刻牢记标签上警告的贮藏过程中可能存在的风险。

二、存室的类型

1. 专业化学品仓库

主要用于大型农场、农药销售公司、农药公司等的仓库，需要建在远离住宅区、学校、医院、水井和河道等地方，并设有安全通道，一旦发生意外，便于进货者和出货者及时撤离。

2. 上锁的建筑物

农村不住人的旧屋、厢房、平房等可以用来贮藏农药，但必须上锁。

3. 带锁的箱子、盒子等

如耕地不多，农药使用量也不多，一个箱子或盒子就足以用来贮藏农药。这样的箱子或盒子应该这样做。

（1）具有足够的空间使需要贮存的农药安全坚实地贮存于其中。根据农药数量、包装大小，选择或制作不同大小尺寸的箱子来贮藏农药。

（2）用标签标记清楚。农药，有毒。

（3）放在儿童和其他动物接触不到的地方。

（4）放在居室外，要防日晒和雨淋，寒冷季节要注意防冻。

（5）上锁，以防在无人监管的情况下被打开。

（6）将箱子内的农药放置在平盘上，或套在另一个容器中，以防农药泄漏后污染其他地方。

（7）不要将农药箱子放在平地上，可镶嵌到墙上。一个简易的、带锁的箱子，镶嵌到墙上，用来贮存农药，可以有效地保护儿童和宠物及其他家禽家畜。

三、贮存农药的注意事项

（1）检查标签上的农药有效期，对于过期农药，询问销售者是否能收回，如果不能，则要按照废弃农药进行处理。

（2）农药必须贮存在原始包装物里。

（3）农药贮藏时，不要将液态剂型放在干剂型之上。

（4）任何时候不要将农药置于没有上锁和无人看管的状态。农药上锁后，钥匙要妥当保管。

（5）不要将个人防护用品与农药贮存在一起。

（6）不要将农药放在接近食品、动物食品、种子、肥料、汽油或医药的地方。

（7）不要在农药贮藏室吸烟、喝水和吃东西。

（8）准备吸附性好的材料，放在农药箱附近，如锯末、沙子、泥土等，一旦农药有泄漏，可以立即吸附干净。

四、做好农药使用记录

记录所有的农药产品，并记录提供者（销售者或公司）和农药用途，将记录内容放在安全的地方，以备急时所需。记录内容有：农药产品名、性能、生产批号、保质期、农药用途等。并根据生产实际准确记录农药的使用情况，见下表。

表　农药使用情况一览表

作物	地块名	用药	施药者	日期	剩余量

第五章　农药施用器械使用和维护

喷雾器械从功效上可以分成两大类,即便携式喷雾器和大型机动喷雾机。便携式喷雾器适合喷洒面积较小、大型机动喷雾机无法到达的作物田。而大型机动喷雾机,在我国一般仅大型农场才有,施药人员一般是经过培训的专业人员。大部分农村,一般以便携式喷雾器作为主要喷雾器械。本章只介绍便携式喷雾器的种类、特点、工作原理及简单维修养护等。

第一节　喷雾器质量要求及保养

喷雾器一般体积较小,携带方便,使用简单,适应性强,价格便宜,作业者可以在不需要大型机械喷雾的农田或大型机动喷雾机到达不了的地方进行行间施药或点片施药。喷雾器根据工作原理、携带方式等特点可以分为背负式手动喷雾器、压缩喷雾器、背负式喷粉弥雾机、人力车载小型喷雾机等。非常小的可以是一只手可操作的手持式喷雾器,大的可以是一个人无法搬动而必须用车载的人力或小三轮车载喷雾器。没有一种喷雾器械可以满足所有的施药需要,在施药前应谨慎挑选适宜的喷雾器械,以满足不同目的喷雾需要,取得理想的防治效果。

一、喷雾器的质量要求

目前的喷雾器械质量良莠不齐,质量好的产品,价格相对较贵;而有些产品可能很便宜,但喷雾器药桶及其他塑料部件很多是再生塑料制成,应用寿命很短,往往使用一年就发生泄漏,对操作者和环境不安全。所以在购买喷雾器时,要认真仔细挑选,购买质量可靠的产品。

以下是 FAO 对喷雾器的质量指导指南,在选购喷雾器时可以作为参考。

1. 喷雾桶

（1）经久耐用，抗压、抗冲击、抗紫外线腐蚀。

（2）表面光滑，不存积液体。

（3）内部没有狭窄尖削的棱角，便于清洗。

（4）对背负式喷雾器来说，药桶容积不少于 5 升。

（5）药桶上要有计量刻度，以便看清药桶内药液的体积，便于配药和喷洒。

（6）从 1 米高处掉下，喷雾器各部件不松动，不泄漏。

2. 喷杆

（1）从喷嘴到开关距离不低于 50 厘米。

（2）管子长度不影响行走。

（3）开关工作正常，关闭位置能够锁定。

3. 输药管

（1）输药软管在没有支撑物的情况下以半径 5 厘米折弯180°，不呈扁平状。

（2）软管连接点要有螺母，以便可以用戴手套的手进行调节。

（3）重复使用时，软管连接点无跑冒滴漏现象。

4. 背带

（1）背带材质无吸附性。

（2）至少 5 厘米宽。

（3）喷雾器满载时，能够轻便地背起和放下，并且易于操作（容量适中）。

（4）抗紫外老化和化学腐蚀。

（5）具有腰带。

5. 药桶盖

（1）口径大（装入药液时，允许流量为 1.6 升/分钟）。

（2）滤网离药桶口有一定的深度。

（3）密封性好（压杆式和机动背负式喷雾器，有通气阀门）。

（4）中间凸起，确保桶盖上不会有药液积存。

6. 重量

喷雾器满载时，总重量不应超过 25 千克。

7. 备用件

应有一个备用件箱子，内装易于磨损的部件备用件，且提供通俗易懂的备用件说明书。

8. 产品说明书

所有喷雾器都要附带一个详细介绍产品功能和使用的说明书。

二、喷雾器保养

根据产品说明书维修保管喷雾器，使喷雾器始终保持良好的性能。

（1）使用后，要及时清洗喷雾器。

（2）及时维修跑冒滴漏部位，特别是一些接口处，必要时加更换垫圈。

（3）及时更换损毁部件。

（4）经常校准喷雾器的喷出容量，并且做好所有喷雾记录。

（5）喷雾器的保管。将喷雾器保存在安全的地方，远离儿童、食物和动物。

第二节　喷雾器正确使用

一、手动压杆式背负喷雾器

手动压杆式背负喷雾器是目前世界上使用量最大的喷雾器类型。世界上有几百万人使用背负式喷雾器，如菲律宾每年需要 10 万台左右；我国需求量也很大。一般用于农田、藤本作物和果树类作物上，喷洒杀虫剂、杀菌剂和除草剂。这种喷雾器历史悠久，制造技术简单。

优点：药桶容量最适化，便于携带，使用和维修方便。

缺点：喷药时要不断掀动压杆；喷雾者的技能对喷雾质量影响很大；另外容易发生跑冒滴漏、耐用性差、稳定性差的问题，对操作者和环境造成安全隐患。

其工作效率取决于作物、地势、喷雾容量，同时也不能低估气象条件（如温度）、喷雾器携带时的舒适度的影响。当然，还有人为因素，包括施药者的体力和技能等。

1. 手动压杆式背负喷雾器的设计类型及材料比较

手动压杆式背负喷雾器的结构设计和材质不尽相同，常见的如下所示。

（1）药桶（箱）可以是金属材质或硬质塑料材质制成。

（2）压杆位置可以是腋下压杆式，也可以是腋上压杆式。

（3）泵的安装位置有外置式泵和内置式泵两类。

（4）泵的类型常见的是柱塞泵型，现在也有隔膜泵型。

（5）压力室（空气室）的位置有内置式（药桶内）和外置式（药桶外）两类。

压杆式背负喷雾器水泵有两种基本设计，即隔膜泵和柱塞泵，区分二者非常必要，因为不同类型的泵用途也不同。一些柱塞泵喷雾器在喷雾过程中药箱中的药液可以得到某些程度的搅动，隔膜泵类喷雾器或其他任何没有搅拌装置的喷雾器，在喷雾过程中无法对药液进行搅动，所以在喷洒可湿性粉剂等剂型的药液时，在药桶中可能发生沉淀，应该在施药过程中不断停下来，用干净的棍棒对药桶中的药液进行搅拌。

2. 柱塞泵喷雾器和隔膜泵喷雾器的用途差异

（1）压杆式柱塞泵背负喷雾器。压力较高，非常适合杀虫剂和杀菌剂的喷洒，以及需要高容量喷洒的场所。工作时依赖于活塞和汽缸的密封性，活塞极容易磨损，所以这类喷雾器的使用寿命不如隔膜泵类喷雾器，而且使用过程中需要高水平的维修。

（2）压杆式隔膜泵背负喷雾器。经久耐用，是喷洒除草剂的理想喷雾器。如果设计了喷雾操作压力范围，特别是如果安装了压力调节阀，那么这类喷雾器既可喷洒除草剂，也可用于喷洒杀虫剂和杀菌剂。但如果需要大容量喷雾（如安装了多喷头喷杆），则操作时必须提高压杆速度，否则可能使输出的压力不够，而靠人力提高的压杆速度则不能维持很长时间。

3. 两种泵的工作原理

（1）隔膜泵喷雾器工作原理。隔膜泵的基本组成包括一个可灵活运动的合成橡胶隔膜片，连接到曲轴压杆上；一个硬质隔膜室以及扁平形或球形进水阀和出水阀。出水阀连接到压力（空气）室，许多隔膜泵喷雾器的压力室具有压力调节阀，可以输出不同的压力。这种泵的压力一般在10万~30万帕，所以特别适合除草剂的喷洒，因为雾化的雾滴较大，可以减少漂移。该喷雾器的构造和工作原理如图5-1所示，具体操作如下。

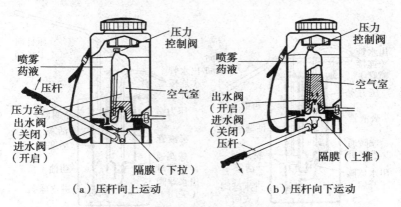

图5-1　隔膜泵喷雾器工作原理图

①压杆向上运动，隔膜片被下拉，隔膜室的体积增大，压力减少。②压力减少导致液体从药液桶通过进水阀进入隔膜室。

③压杆向下运动，隔膜片向上移动，挤压隔膜室中的液体，使进水阀关闭、出水阀打开。④液体被压向压力室（空气室），压力室中的空气被压缩。⑤喷雾杆上的喷雾开关关闭，重复上述动作，压力室的水位越来越高，空气体积越来越小，气压不断增大，最终达到所需要气压。有些喷雾器上有压力安全阀，当压力达到一定时，安全阀打开，多余的液体会流回药桶里。⑥然后打开喷雾开关，压力室的气压使药液流向喷头。⑦每分钟掀动压杆 30 个来回或每两步掀动一个来回，以保持压力室的工作压力恒定。

（2）柱塞泵喷雾器工作原理。柱塞泵或活塞泵的基本组成包括一个连接到外部曲轴压杆上的活塞、活塞缸、扁平或球形进水阀和出水阀、一个压力室等。活塞和活塞缸体壁间要有密封圈。这类喷雾器比隔膜泵喷雾器效率高，可产生 50 万帕的压力。所以这类喷雾器更适合喷洒杀虫剂和杀菌剂，雾化好，雾滴小。活塞泵喷雾器的工作原理（图 5-2）与隔膜泵相似，操作如下。

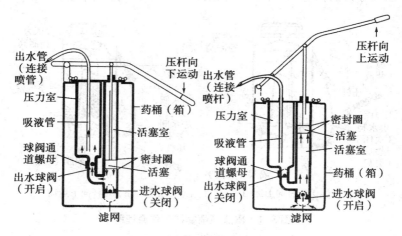

图 5-2　活塞泵喷雾器的工作原理

①压杆向上提起时，活塞向上运动，活塞缸中的压力减少，

使药桶里的药液从进水阀涌入活塞缸中。②压杆向下压下时，活塞向下运动，活塞缸中压力增大，进水阀关闭，出水阀打开，液体通过出水阀涌入压力室。压力室中的空气被压缩，压力增大。如果打开喷雾器开关，压力室中的液体会冲向喷头。

活塞泵喷雾器在设计细节上有许多差异，如有的将泵安装在内部，有的安装在外部。活塞缸有时安装一个压力安全阀以防止过度加压。但这个安全阀与安装在压力室上的压力调节阀不同，没有调节压力的作用。有些活塞泵式喷雾器喷雾桶里有一连接到活塞上的桨状机械搅拌器，用以不断搅动药液，防止沉淀。

手动喷雾器具有的雾化性能同药液所受的压力有关。在喷雾器本身所能承受的压力和人的手臂所能产生的力量范围内，压力越高则雾滴越细，而压力低时则雾滴较粗。在喷雾时如果不均匀连续地进行压杆，喷雾压力会不断变化。压力的变化将影响喷雾容量、农药剂量和喷头的喷幅，因此在喷雾时要尽量避免喷雾压力的变化。注意，如果喷雾压力从 50 万帕降低到 20 万帕，则喷头的喷出量将减少 58%。所以使用这类喷雾器时，要按照使用说明书使用。一般摇动次数保持在每分钟 20~25 次。不可间歇施压，压压停停；更不可施压达到正常雾化后就停止施压，直到雾头缩小甚至淌水再施压。有些喷雾器上有压力控制阀，可以将喷雾器的压力控制在 10 万帕、15 万帕、20 万帕和 30 万帕。

二、背负喷雾机

背负喷雾机的结构在许多方面与手动背负喷雾器相似，不同点在于药泵的动力来源于一个内置的内燃机或一个电机；喷雾压力可高达 1.1 兆帕；药泵不需要手工操作；可连接一喷雾枪。

缺点：比手动背负喷雾器复杂；依赖能源；背负喷雾机的重量大，比手动背负喷雾器重，对操作者的体力要求比较高；

比手动背负喷雾器价格高；噪声大。

优点：背负喷雾机中的发动机取代了手动喷雾器上的手动压杆，减轻了作业者的劳动强度，省力，不容易疲劳；输出压力恒定，减少了作业过程中压力骤停或不稳的现象，喷雾质量大为提高。

三、压缩式喷雾器

压缩式喷雾器适宜作业的地点是面积较小的农田和矮化种植的作物，适合喷洒除草剂、杀菌剂和杀虫剂。一般每公顷喷雾量为 50~5 000升。

压缩式喷雾器的优点是在喷雾作业时不用打气筒，易于使用和维修。缺点则是喷雾罐容积较小，需要多次装载、往返取药；作业时喷雾器的压力逐渐减少，雾滴逐渐增大，喷雾量也逐渐减少。可以在喷雾罐上安装一个压力阀以保持恒定地输出压力。

一般地，压缩式喷雾器最适合喷洒杀虫剂和杀菌剂。对于除草剂来说，压缩式喷雾器的压力太高，可能产生漂移风险。通常大田作物病虫害的防治是用背负式喷雾器，比压缩式喷雾器更结实耐用。压缩式喷雾器则用于一些背负式喷雾器压杆不容易操作的场所，或者背负式喷雾器无法喷到的一些高秆作物的上方等。压缩式喷雾器可用于建筑物周围防治病媒害虫如苍蝇、蚊子、蟑螂等。另外还可用于一些狭窄区域或墙面，操作者不用考虑摇动压杆的频率，只需专注于喷头的喷洒即可。

1. 压缩式喷雾器的结构组成和性能

（1）药罐（即压力罐）。要求结实耐压，大小一般为 3~7升，其中 1/3 的体积作为压力室（空气室）、2/3 的体积用来装药液。

（2）气泵。手动柱塞气泵，用来往压力室中打气，增加压力室中的气压。

（3）喷杆和喷嘴。与手动背负喷雾器相似，喷嘴是扇形、空心雾锥型或反射型喷嘴。

（4）压力计。显示罐中的压力。用彩色带指示出压力是否过高或过低。

（5）减压阀。可以安全打开压力罐（药罐）的盖子。

（6）压力控制流量阀。有的较为先进的压缩式喷雾器，具有一个压力控制流量阀。

如果压力罐装满了喷雾液，则没有压力室（空气室），要保持压缩喷雾器功能的正常发挥，压力罐（即药罐）只能部分装满，液面上要留有约30%的体积作为空气室。若装载液体的量过多，空气室的体积不够，则喷雾时，罐中的压力迅速下降，导致喷雾严重不匀。

并非所有的压缩式喷雾器都具有压力计、压力释放阀或减压阀，但对于一个安全、高效的喷雾器来说，上述条件都应该具备。

2. 压缩式喷雾器的工作原理

压缩式喷雾器的工作原理如图5-3所示。在药桶中装入2/3体积的药液，盖好药桶盖。喷雾器上有一手动柱塞型气泵可以给药桶打气加压。这个气泵可以是药桶盖的一部分也可以是药桶上方单独设计的一个装置。操作者可以通过压力表及时看到药桶中的压力大小。桶内的压力不能过大，以免发生危险。有些喷雾器上没有压力计，但是在操作手册上可能有推荐的打气次数，即每次喷雾前用气泵往药桶内打一定的次数，以使药桶内液体的压力达到工作压力。打开喷雾器的开关后，开始喷雾，药桶内的压力逐渐减少，单位时间内的喷雾输出量也逐渐减少，喷幅变窄，药液沉积不均匀。所以在喷雾时要不断地停下向药桶中打气使压力增大，以保证相对的均匀喷洒。

有些喷雾器上，在药桶输出口和喷杆之间安装了一个压力调节阀。如果药桶内压力在一定范围内变化，这个阀能够维持喷雾器的输出压力恒定，以保证喷嘴喷出的雾质量和体积恒定。压缩式喷雾器上还应该安装一个压力释放阀，以便在喷雾桶内

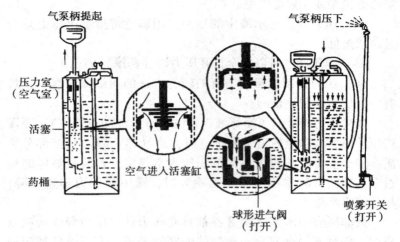

气泵柄提起

气泵柄压下

压力室
（空气室）

活塞

药桶

空气进入活塞缸

球形进气阀
（打开）

喷雾开关
（打开）

图 5-3　压缩式喷雾器工作原理图

压力过大时可以释放气体，减少危险性。

　　在完全打开桶盖之前一定要打开减压阀或按钮，将喷雾器内的压力全部释放。如果没有减压阀，小心轻轻旋转桶盖，直到听到咝咝的压力释放的声音，当咝咝声停止后，就可以安全打开桶盖了。操作者要佩戴面罩、手套，以防止压力释放过快时药液喷溅到脸上和手上。

四、便携式机动喷雾器

　　1. 主要的性能特征

　　（1）药桶（或贮药容器，如购买的大塑料桶、操作者自建的水泥药池等均可）尺寸大小不等，从 50 升到 200 升，或者更大，不能贮存压力。

　　（2）机动药泵（一般是高压活塞泵）。注意药泵产生的水压不要过大，要根据标签说明确定药泵的水压。

　　（3）药泵上要安装压力调节阀，以控制喷射距离和喷嘴压力。

（4）药管长度一般是 10~50 米。

（5）喷枪和开关类型变化较大。

（6）可以是工厂生产的产品，也可以是农民自己组装的。

（7）可以徒手携带也可以用人力或其他动力车运载。

便携式机动喷雾器的组成包括一个与药泵连成一体的药桶，或者外部的一个单独的贮药装置或设备；一个可以产生高压的活塞泵，一般是汽油发动机驱动的；一个压力调节阀和一根可以长达 50 米的管子。药桶体积很大，人力无法携带。机动药泵往往是装在一个不带轮子的简易的架子上，连接着药管和喷杆。喷雾量的控制是通过压力调节阀和喷嘴上喷孔的大小来实现的。这类喷雾器的结构功能与背负式喷雾机相似。

我国农村常见的是农民自行组装的三轮车或手扶拖拉机载机动喷雾器，包括一个或几个大的贮药桶，一个药泵。几十米，甚至几百米的输药软管，药管的端部镶有喷杆和喷头。工作时由三轮车或拖拉机上的柴油机提供动力，带动药泵将药液从桶中抽出，进入药管中，药管靠近药泵的一端装有一个塑料桶气室（压力室），药液在气室中被加压，打开喷药开关，带有压力的药液即冲向喷头。操作者手拿喷杆，拖着药管进行喷雾。因为药管比较长，所以可以拖拉到很远的地段进行作业，工作面较大。

2. 便携式机动喷雾机适宜的使用范围和喷雾特点

便携式喷雾机适于喷洒面积较大的灌木、树木、蔬菜、花卉、温室等，最适宜喷洒的作物是灌木和树木类作物。注意高容量喷洒和拖着药管喷洒农药不适合大田作物。虽然有时用于某些蔬菜上，但不理想。属于大容量喷洒，高压，适宜的喷嘴类型是空心雾锥喷嘴。适合喷洒的农药是杀菌剂和杀虫剂。喷雾容量为 1 000~4 000升/公顷。

（1）优点。喷药过程中不需要人力不断打气加压，操作者也不需要背负药桶，不用负重，省力，劳动强度低；使用简单，容易维修；适应性广；可以在较大范围内作业。

（2）缺点。喷药的准确性差；压力太大，风险性增大；高容量喷洒，造成药液流失、浪费。

五、背负式弥雾喷粉机

背负式弥雾喷粉机是一种由小型汽油机提供动力、采用气力式雾化法的喷雾器械。产生的雾滴细（即弥雾），属低容量喷雾，也可以喷撒粉剂和颗粒剂。

1. 背负式弥雾喷粉机的基本结构特征

（1）药桶（压力桶）较小，容积 10~15 升。
（2）有一个内置的发动机驱动的风扇。
（3）气力式雾化，产生细雾滴并被风送向靶标。
（4）适合于高大树木、灌木类（如茶树等作物）。
（5）喷雾量主要由流量控制器和开关控制。
（6）喷杆和气动剪切式喷头。

2. 背负式弥雾喷粉机的工作原理

发动机风扇产生的气流有一部分通过软管进入药桶药液上部的空间。药桶容积一般为 10 升以上，有一细导管连向喷嘴。药桶内产生轻微的压力（2 万帕或 2.1 万帕）。这个压力可以保证液流平稳地流向喷嘴。喷嘴是气力式喷嘴或双流体喷嘴，由导液管导出的液流和风扇产生的气流两部分组成，即双流体喷嘴。气流通过导液管口时产生负压，使药液喷入气流中。液体被剪切成小液滴，雾滴细而均匀。雾滴直径相当于常规大容量喷雾法雾滴直径的 1/4；雾滴数量相当于常规喷雾产生的雾滴数量的 50~150 倍。覆盖面积大，药液使用量少，属于低容量喷洒，药液不会发生流失，节省药液。

弥雾机不能对靶喷雾。由于机具喷雾口的风速很大，能将雾滴送向 10 米甚至 14 米以外的地方，近喷头处雾滴密度大而离喷头越远则雾滴密度越小。喷雾时必须采取喷幅差位交叠的喷洒方式，以提高雾滴在全田作物上的分布均匀度。由于弥雾机喷幅大，不适合小面积作物田，适合中等面积或大面积的作物田以及灌木、树木类喷洒杀虫剂，某些情况下也可以喷洒杀菌剂。

3. 背负式弥雾喷粉机的优缺点

优点在于喷洒容量低，节约成本，工效高；作业时不需要人力操作药泵；可以喷洒高大的树木，高速气流可以帮助药雾穿透树冠层，使着药均匀。缺点在于喷雾人员的安全性降低，人处于细的弥雾中。由于是低容量喷洒，所以药液的浓度较高，中毒风险增大；另外，机型比其他机型重，并且作业时噪声大，劳动强度相对较大。

4. 选购背负式弥雾喷粉机应注意的问题

背负弥雾喷粉机的价格比背负手动喷雾器高得多，但并不意味着这类喷雾器的喷雾质量高；由于机械结构比较复杂，容易发生故障，所以需要较高的维修保养水平；适合于高大作物、行走困难的田间喷洒作业，弥雾覆盖面积大、沉积较为均匀，但是手动喷雾器的喷洒质量更高，所以除非有必要，否则不要选择弥雾机；弥雾机产生的雾滴有很大一部分是细雾滴，是漂移式喷洒，不适合除草剂的喷施，喷洒除草剂容易使临近田块中的作物产生药害；机器的重量大，操作者负荷较大，容易疲劳；使用时噪声大，对耳朵有伤害，在使用时要采取措施保护耳朵。

六、旋转离心式超低容量喷雾器

超低容量喷雾在国外已得到普遍应用，我国国内尚没有得到普及。我国曾经生产过的手持式电动超低容量喷雾器是一种典型的旋转离心式雾化器。在背负弥雾喷粉机的喷口部位换装一只转盘雾化器，也可以进行超低容量喷雾。超低容量喷雾产生的雾滴更小，每公顷喷雾量大田作物仅为 5 升，果树、灌木等高大作物的喷雾量也仅为 50 升/公顷，即使用最小的喷雾量也能达到经济有效地防治有害生物的目的。与大容量喷雾器相比，超低容量喷雾器喷出的雾滴细而均匀，这种雾滴更适合喷布靶标。

超低容量喷雾器械包括手持式超低容量喷雾器、机动超低容量喷雾机和拖拉机载超低容量喷雾机。这里只讨论手持式超低容量喷雾器。

1. 手持式超低容量喷雾器的主要优点

(1) 使用专用超低容量喷雾剂，不需对水，在干旱缺水地区使用具有很大优势。

(2) 单位面积上用药量少，重量轻，对作业者来说劳动强度低，不易疲劳。

(3) 由于雾滴细，雾径小，易被昆虫等靶标捕捉。浪费少，更加经济，且对非靶标有益昆虫伤害小。所以是有害生物综合治理（IPM）策略中理想的施药方法。

(4) 由于喷雾时不需要配制农药，直接使用，免去了一个可能发生危险的环节，对作业者来说相对更安全。

(5) 一次没有用完的农药制剂可以贮藏起来，留待下次再用。

目前使用的超低容量喷雾器大多是旋转式或转盘式电动喷雾器或静电喷雾器。

2. 手持式超低容量喷雾器的基本构造

其基本构造包括一个圆盘；一个驱动圆盘的电机；一个装有限流阀的小喷雾瓶（工作时不断有药液流到圆盘上）；一个长柄，通常内部装有电源（有些类型可使用外部电源）。

与液力式喷雾器的喷头相似，圆盘是手持式超低容量喷雾器的重要雾化部件，多数圆盘边缘具齿，协助雾滴形成。有些圆盘上有沟槽，可使流体平稳地流向边缘；有些喷雾器具有两个圆盘，确保前一个圆盘背面的药液可以在后一个圆盘上被雾化，避免药液飞溅。圆盘旋转时，圆盘上的药液在离心力作用下脱离转盘边缘而伸展成为液丝，液丝断裂后形成细雾。所以离心雾化法也称为液丝断裂雾化法。

　　装有药液的小瓶倒置放在圆盘的上方，药液在重力的作用下通过限流阀不断流向圆盘。限流阀有不同规格，用不同颜色进行标记，使用时可以根据喷雾液黏度的大小进行调换。

　　圆盘设计有不同类型，有高速旋转圆盘到低速旋转圆盘，分别产生小雾滴和大雾滴型。不同类型的圆盘适合喷洒不同类型的农药，高速圆盘适合喷洒杀虫剂和杀菌剂，低速圆盘适合喷洒除草剂。高速圆盘的转速一般是 5 000 ~ 15 000 转/分，产生小雾滴；雾径小于 100 微米，喷雾时需要一定的风速将雾滴吹向靶标；贮药瓶体积为 500 毫升或更小。低速圆盘转速一般为 2 000 转/分，产生雾滴较大，200 ~ 500 微米，贮药瓶容量大于 500 毫升。通常，除了贮药瓶外，还有一个 5 升的背负式的药桶。

　　适合喷洒的剂型：高浓度的油剂，不需要配制。

第三节　喷雾器喷头的选择

一、喷头类型

1. 扁平扇形喷头

　　喷孔呈棱形槽，中央有 1 个圆孔，药液在压力下通过此圆孔，在棱形槽的作用下展散成为扇形液膜，并进而破裂成为雾滴。这样形成的雾头呈扁平的扇形雾，落在地上呈 1 条狭长雾带 [图 5-4 (c)]。扁扇喷头因其棱形槽的几何形状、排液孔的孔径与喷雾压力不同而有多种规格，以适应不同的防治要求。其主要用途和特点如下。

　　(1) 用于大型喷雾机。扁扇喷头主要使用在工作压力较高的机动喷雾机具上，雾化性能较好。同时，在机动喷雾器的喷雾横杆上用扁扇喷头，可以编组和配置喷头。通过调节喷头的喷雾角度和喷头的离地高度，可以控制药液在作物上的沉积密度。适合喷洒土壤表面和低矮作物，喷洒均匀、全面。

　　(2) 用于小型多喷头连杆式喷雾器。扇形喷头也可以安装在小型多喷头连杆式喷雾器上，这种组合设计可以使每个喷头喷出的雾滴在喷雾面产生均匀的沉积。

（3）扁平扇形喷头具有一个透镜状的或椭圆形的孔口。喷雾时产生一条狭窄的透镜状雾带，雾滴在喷头下方沉积量很大，而向边缘则逐渐减少，沉积不均匀。这就意味着喷幅必须交叠才能达到均匀沉积，所以这种喷头常用在连杆式多喷头喷雾器上。

（4）喷雾角度。这类喷头喷雾时的角度一般控制在80°或110°。以110°的角度喷雾，喷幅较宽，但是能够产生小雾滴。

（5）适用范围。扇形喷头适合对平面进行喷雾，如芽前土壤表面喷洒除草剂、建筑物的墙面上喷洒杀虫剂防治病媒害虫或贮粮害虫等。

现在有一种特殊的扁平扇形喷头，单个喷头喷幅内的雾滴可以形成均匀沉积，而不需要多个喷头交叠喷洒，所以这种喷头很适合单喷头的背负式喷雾器，喷洒角度一般为80°。

大部分扁平扇形喷头的喷雾压力为27.6万帕或30万帕，但是有些低压力扁平扇形喷头，喷雾压力为10万帕，这些低压力喷头产生大雾滴，适合除草剂的喷洒，漂移轻。

2. 空心雾锥喷头

空心雾锥喷头属于大容量雾化喷头，特别适合喷洒杀虫剂和杀菌剂。空心雾锥喷头即切向离心式涡流芯喷头，这种喷头的结构简单制造方便，成本较低，是我国背负式喷雾器上最常见的喷头。空心雾锥喷头主要由两部分组成——喷嘴或喷孔片、涡流片。药液从孔洞顺斜槽切线方向在涡流片和喷孔片或喷头形成的空间（即涡流室）内沿锥面高速旋转流动并加速。高速旋转的液流通过喷孔时，在喷孔刃口的作用下，药液被剪成薄层液膜喷出，液膜碰到空气破裂后分散成为雾滴，雾滴群呈空心雾锥形状［图5-4（a）］。

空心雾锥喷头的喷雾量、喷洒角度和雾滴大小与喷孔孔径大小、涡流片上孔洞的数量和大小以及液体的压力有很大关系。

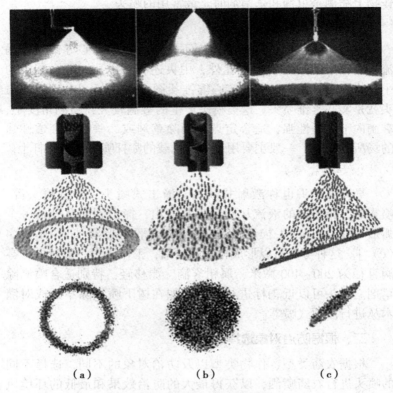

图5-4 喷头及其喷雾面

上：喷头喷雾作业；中：雾化过程；

下：喷雾后在靶标上形成的喷雾面

（a）空心雾锥喷头；（b）实心雾锥喷头；（c）扁平扇形喷头

一般地，液体压力大、涡流片出水孔的孔径小、喷孔孔径大，则喷洒角度大。若在涡流片和喷孔片之间垫一个垫圈使涡流室的深度增加，则喷出的雾滴较大，形成的雾锥空心小。

空心雾锥喷头最适合叶面喷洒药液，因为与扁平扇形喷头形成的单一平面雾滴群相比，空心雾锥的雾滴可以从多个方向接近叶面，可以在许多不同的表面上形成良好的覆盖，所以在作物上喷洒杀虫剂和杀菌剂时是最常用的喷头。

3. 实心雾锥喷头

这类喷头在背负式喷雾器上不常用。如果空心雾锥喷头涡流片上除了周围的斜槽形孔外，中央还有一个孔，那么雾锥的中央将充满雾滴，即形成实心雾锥 [图 5-4 （b）]，这样的喷头就是实心雾锥喷头。这类喷头产生的雾滴较大，喷洒角度小，雾滴向下穿透性强，适合定点喷洒除草剂或一些需要穿透性强的场所的喷雾，一般主要用于拖拉机载的喷杆喷雾机的喷杆上。

4. 导流式喷头

导流式喷头也称激射式喷头、撞击式喷头、冲洗喷头等。喷雾时，带压力的液流从圆形喷孔喷出，撞击到喷孔外的一个弧形表面上，发生撞击反射，形成扁平扇形雾头 [图 5-4（c）]。这种雾头可以形成较宽的喷幅，工作压力一般较低。雾滴直径为 200~400 微米，属粗雾滴，漂移轻，特别适合喷洒除草剂。喷头可以近靶标进行喷雾，如在树下喷洒除草剂或对灌木丛进行压顶式喷雾。

二、根据防治对象选择喷头

根据农药类型、作物类型以及防治对象的不同，选择不同的喷头进行农药喷洒，以获得最大的防治效果和最低的环境风险。在选择喷头时，可根据下表进行。

表　背负式喷雾器喷头的选择

农药类型	作物类型	导流式喷头	扁平扇形喷头	空心雾锥喷头
除草剂、内吸性杀菌剂	低矮作物	好	好	不适合
保护性杀菌剂、杀虫剂	低矮作物	可	好	好
保护性杀菌剂、杀虫剂	灌木、树木	不适合	可	好
飘移风险		低	中等	高

喷头选择：喷除草剂、植物生长调节剂最好用扇形喷头；喷杀虫剂、杀菌剂应用空心圆锥雾喷头。

单喷头：适用于作物生长前期或中后期进行针对性喷雾、飘移性喷雾及定向喷雾。

双喷头：适用于作物中后期压顶穿透性喷雾。

横杆式三喷头、四喷头：适用于蔬菜、花卉及水田和旱田进行压顶式喷雾。

附录1　我国全面禁止使用的农药

我国全面禁止使用的33种农药

中文通用名	英文通用名
甲胺磷	methamidophos
甲基对硫磷	parathion-methyl
对硫磷	parathion
久效磷	monocrotophos
磷胺	phosphamidon
六六六	HCH
滴滴涕	DDT
毒杀芬	camphechlor
二溴氯丙烷	dibromochloropane
杀虫脒	chlordimeform
二溴乙烷	EDB
除草醚	nitrofen
艾氏剂	aldrin
狄氏剂	dieldrin
汞制剂	mercury compounds
砷类	arsenide compounds
铅类	plumbum compounds
敌枯双	bis-ADTA
氟乙酰胺	fluoroacetamide
甘氟	gliftor
毒鼠强	tetramine

（续表）

中文通用名	英文通用名
氟乙酸钠	fluoroacetamide
毒鼠硅	silatrane
特丁硫磷	terbufos
甲基硫环磷	phosfolan-methyl
治螟磷	sulfotep
蝇毒磷	coumaphos
地虫硫磷	fonofos
苯线磷	fenamiphos
磷化钙	calcium phosphide
磷化镁	magnesium phosphide
磷化锌	zinc phosphide
硫化磷	cadusafos

附录2 我国限制使用的农药

我国限制使用的 17 种农药

中文通用名	英文通用名	限制使用作物
甲拌磷	phorate	蔬菜、果树、茶树、中草药
甲基异柳磷	isofenphos-methyl	蔬菜、果树、茶树、中草药
内吸磷	demeton	蔬菜、果树、茶树、中草药
克百威	carbofuran	蔬菜、果树、茶树、中草药
涕灭威	aldicarb	蔬菜、果树、茶树、中草药
灭线磷	ethoprophos	蔬菜、果树、茶树、中草药
硫环磷	phosfolan	蔬菜、果树、茶树、中草药
氯唑磷	isazofos	蔬菜、果树、茶树、中草药
三氯杀螨醇	dicofol	茶树
氰戊菊酯	fenvalerate	茶树
氧乐果	omethoate	甘蓝，柑橘
丁酰肼	daminozide	花生
氟虫腈	fitronil	除卫生用、玉米等部分旱田作物种子包衣剂外，禁止氟虫腈在其他方面的使用
水胺硫磷	isocarbophos	柑橘
灭多威	methomyl	柑橘、苹果树、茶树和十字花科蔬菜
硫丹	endosulfan	苹果树和茶树
溴甲烷	methyl bromide	草莓和黄瓜

主要参考文献

唐韵，唐理. 2016. 生物农药使用与营销［M］. 北京：化学
　工业出版社.
周志强. 2015. 手性农药与农药残留分析新方法［M］. 北
　京：科学出版社.